Avertissement.

L'auteur n'est pas responsable des interprétations de l'ouvrage par le lecteur et des conséquences de ces interprétations. En règle générale le lecteur doit se référer dans tous les cas aux données du constructeur.

Tous nos ouvrages sont disponibles aux

Éditions Decoopman
Ferrières
30440 Saint-Laurent-le-Minier
Tel : +33 (0)4.67.73.90.95
web : www.decoopman.com
e.mail : livres@decoopman.com

Olivier Lacaux
Jean Castanier

I.S.B.N. 978-2-36965-186-4
Dépôt légal : 4e trimestre 2024

Ouvrages parus
aux Éditions **Decoopman**
Collection « ***Sciences & Techniques*** »

Auto / Moto

- *Réfection d'un moteur Diesel* - Y. Valleix
- *Réparation d'un démarreur Bosch KB* - Y. Valleix
- *Anatomie de l'automobile* - F. Carlès
- *Embrayages & Feins* - R. Champly
- *Motocyclettes et side-cars* - M. Zerolo

Chemins de fer

- *La locomotive* - U. Lamalle & F. Legein
- *La machine locomotive* – E. Sauvage
- *Les chemins de fer* – A. Guillemin
- *Locomotive & Chemin de Fer* – L. Figuier

Électricité

- *Des électromoteurs* - T. du Moncel
- *La machine de Gramme* - A. Breguet
- *La bobine Ruhmkorff* - A. Loiseau

Horlogerie

- *Gnomonique* - G. Bigourdan
- *Comptage du Temps* - R. Baierlein
- *Manuel d'horlogerie* - P. Foucher
- *L'horloger à l'établi* - Schulz et Kames
- *Échappements d'horloges* - Ch. Gros
- *Encliquetages* - F. Balavoine
- *Échappements à ancre* - École de Cluses
- *Guide-manuel de l'Horloger* - C. Saunier
- *Histoire de l'Horlogerie* - P. Dubois
- *L'Horloger sonneries* - C. Poncet
- *L'Horloger* - C. Poncet
- *L'art de connaître les montres* - J. Gondy
- *L'art de l'Horlogerie enseigné en trente leçons* - Anonyme
- *Les merveilles de l'Horlogerie* - Graffigny
- *L'horlogerie électrique* - G. Tobler
- *Traité d'horlogerie moderne* - C. Saunier

Hydraulique

- *Traité d'hydraulique* - N. Boquillon
- *Machines destinées à l'élévation des eaux* - A. Morin

Marine

- *La Marine française* - F. Roux
- *Des bateaux aux couleurs de la Gironde* - F. Jouison
- *Abécédaire des forces sous-marines* - P. Nôtre & J. L. Vichot
- *La Marine de guerre* – L. Huard
- *La Marine de guerre – A. Sauvaire-Jourdan*
- *La navigation sous-marine* – G.L. Pesce
- *Les bateaux automobiles à pétrole* - R. Champly
- *Les paquebots à grande vitesse – M. Dumoulin*
- *Les Torpilles* – E. Hennebert
- *Sous-marins & submersibles - Max Laubeuf*
- *L'Artillerie moderne (Le monde industriel)* – L. Huard

Mécanique

- *507 Mouvements mécaniques* – H. Brown
- *760 mouvements mécaniques* - G. Vander Haeghen
- *Appareils d'obturation* - J. Gary et A. Druot
- *Des mécanismes élémentaires* - L.E. Loche
- *Engrenages & Transmissions* – G. Franche
- *Engrenages et vis sans fin* - R. Champly
- *Les Machines* – E. Collignon

Ouvrages parus
aux Éditions **Decoopman**
Collection « ***Sciences & Techniques*** »

Mécanique (suite)

- *Les mouvements mécaniques* - M. Nicaise
- *Mécanismes des machines* - H. Leblanc
- *Notions de technologie mécanique* - P. Beauvais
- *Organes de transmission* - R. Champly
- *Organes de machines* - J. Gary et A. Druot
- *Organes auxiliaires des machines* - R. Champly
- *Traité de mécanique industrielle* - S. Flachat
- *Traité pratique des engrenages* - L. Wève
- *Transmission du mouvement* - J. Gary et A. Druot

Métiers

- *Comment on devient forgeron* - R. Champly
- *Forges et fonderies* - G. Franche
- *La serrurerie* - H. Havard
- *Manuel du luthier* - Maugin & Maigne
- *Histoire de l'imprimerie* - P. Lacroix
- *L'art du luthier* - A. Tolbecque
- *Accordeur de pianos* - G. Huberson

Moteurs

- *Le moteur Diesel d'automobile* - H. Petit
- *Notions sur les moteurs à explosion* - L. Lacoin
- *Le moteur deux temps* - L. Ventou-Duclaux
- *Moteurs d'aviation* - C. Martinot-Lagarde
- *Le moteur sans soupape Knight* - A. Contet
- *Les Moteurs* – H. de Graffigny
- *Les moteurs à vent* - R. Champly
- *Moteurs* - Max de Nansouty
- *Moteurs & Gazogènes* – L. Letombe

Moteurs Stirling

- *D'Asap à Rhombic 160* - D. Lyonnet
- *Fabriquer des moteurs Stirling* - A. Ross
- *Petits moteurs Stirling pour l'amateur* – D. Lyonnet

Vapeur

- *Le Clos Serpollet* - P. Dubarry de Lassalle
- *Catéchisme des Chauffeurs* - Collectif
- *Distribution de la vapeur* - M. Castelnau
- *Distribution de la vapeur* - A. Spineux
- *Gouvernails à vapeur FARCOT* – J. Farcot
- *Histoire de la machine à vapeur* – R.H. Thurston
- *L'A.B.C. du Chauffeur* – H. Mathieu
- *Les bateaux à vapeur* – L. Figuier
- *Les Locomobiles* – L. Figuier
- *Les machines à vapeur* - J.P. Delaby
- *La machine à vapeur* – E. Sauvage
- *La Vapeur – A. Guillemin*
- *Tiroirs et distributeurs de vapeur* – A. Madamet

Yves VALLEIX

La réparation d'un moteur thermique 4 TEMPS

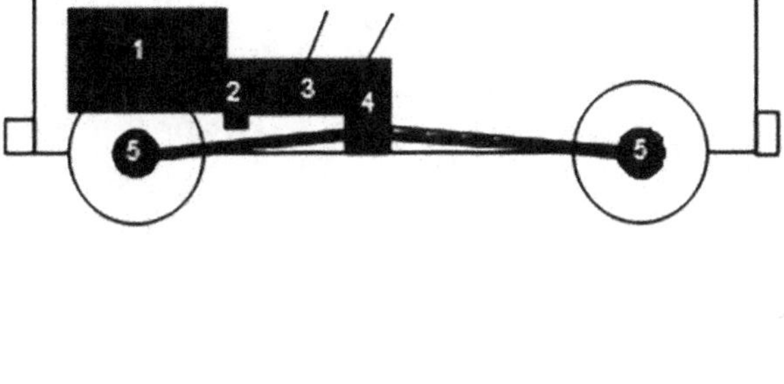

AVANT PROPOS

Formateur pendant trente trois ans à l'AFPA (Agence de la Formation Pour Adultes), au service des *apprenants*, dans les métiers de la réparation automobile et poids lourd, j'ai vécu de près l'évolution de l'automobile.

Bien sûr, la réparation des moteurs a considérablement évolué, notamment avec les courroies de distribution.

Et puis, dans les années 90, l'électronique est apparue, sans aucun appareillage pour la contrôler. Très vite l'industrie s'est adaptée, mettant l'informatique au service de la mécanique, en proposant aux professionnels du secteur des ordinateurs de contrôle appelés « valises » – une révolution...

Malgré ce déferlement de nouveautés technologiques incessantes, la réparation intrinsèque des moteurs thermiques est toujours une question de nettoyage, de jeux de fonctionnement, de contrôle des pièces et de savoir-faire.

C'est justement ce savoir-faire que je souhaite partager dans cet livre. Il couvre la réparation et la technologie des moteurs 4 temps, Diesel et essence.

Disposé sous forme de fiches techniques, cet ouvrage, qui tient plus d'un manuel technique que d'un livre, a été organisé pour permettre à chacun de se repérer très facilement et de suivre pas à pas chaque opération de maintenance, de contrôle et de réparation du monocylindre au V12.

Particulièrement adapté aux étudiants dans les métiers de l'automobile et du poids lourd, ce premier ouvrage sur la réparation d'un moteur intéressera au premier plan tous ceux qui souhaitent se lancer dans l'apprentissage de la mécanique automobile, mais également les passionnés qui rénovent des véhicules anciens.

Yves VALLEIX

Le véhicule automobile

Définition :

Engin terrestre à roues dont la traction est assurée par le moteur qu'il transporte (dict.)

Conditions :

Un moteur n'est pas suffisant pour qu'un véhicule soit autonome.
Il faut qu'il :

- Transporte son énergie (carburant).
- Roule en marche avant ou arrière (boîte de vitesses).
- Reste sur la chaussée.
- Puisse être arrêté (freins).
- Puisse être dirigé (direction).
- Soit utilisable la nuit (éclairage).
- Soit confortable (climatisation, habitacle).

Formes :

Une grande diversité de formes :
Engins utilitaires ;

- Machines agricoles, tracteur, moissonneuse, etc ;
- Machines de chantier, niveleuse, pelle, etc. ;
- Machines de manutention, grue, chargeur, etc ;

Véhicules routiers :

- Camions, fourgons, fourgonnettes ;
- Autobus ;
- Automobiles.

Disposition des organes mécaniques

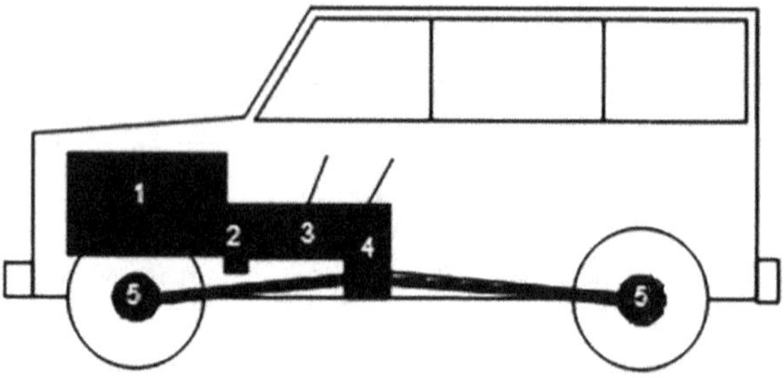

4 x 4
1 - Moteur
2 - Embrayage
3 - Boîte de vitesses
4 - Boîte de transfert
5 - Pont

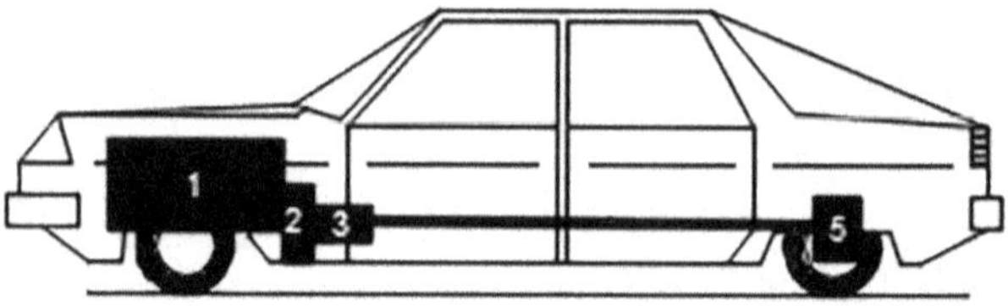

Peugeot
203 - 403 - 404 - 504 - 604

BMW

MERCEDES

Utilitaire > 3,5 T

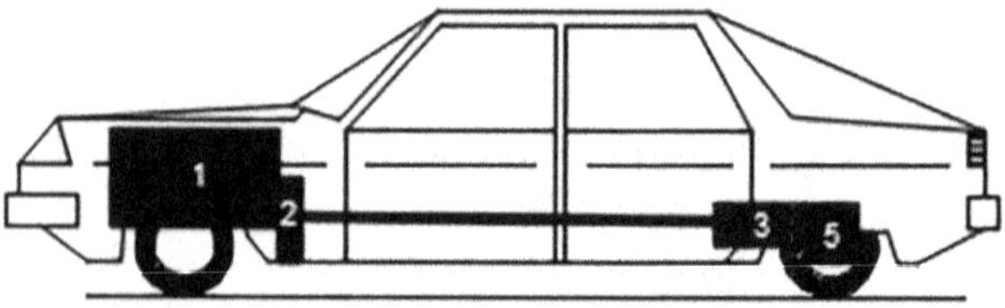

Alfa Roméo
GTV 2000

Porsche
924

Ferrari
509 GT

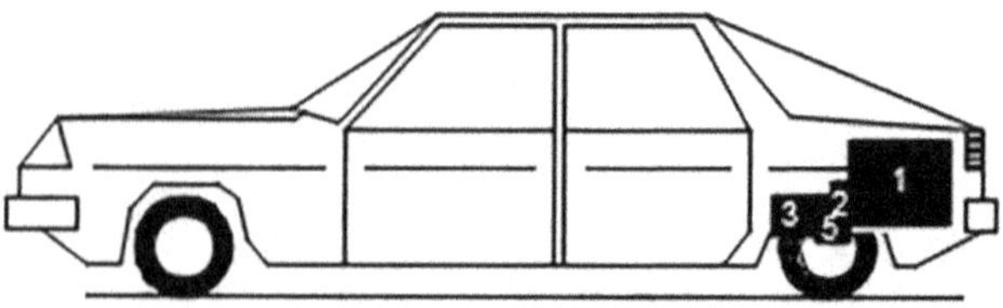

Renault
R8 R10

Porsche
911

Alpine
A110 - 1967

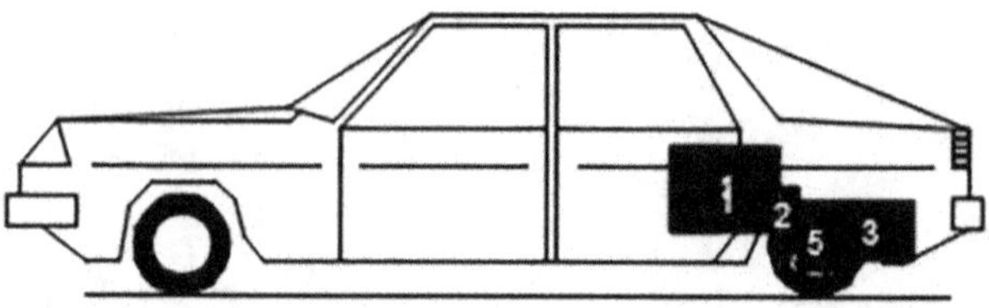

Renault
R5 turbo 1 et 2

Ferrari

Formule 1 - 2 - 3

Disposition des organes mécaniques (suite)

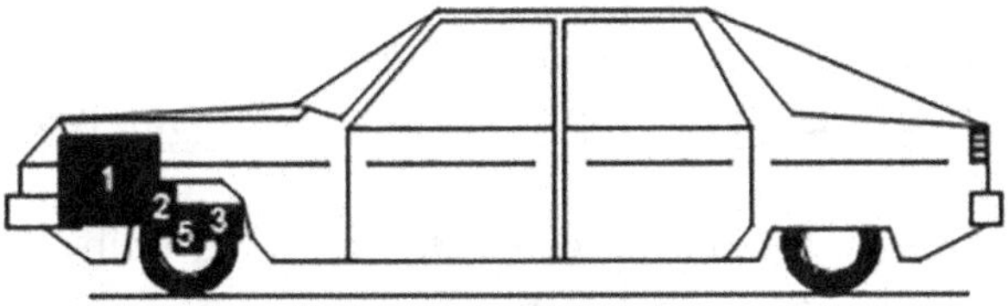

Renault
R 12 - R 16 - Fuego
R 18 - R 20 - R 21 - R 30

Citroën
2 cv - Ami 6 - HY - GS

Peugeot
D3A - J7 - J9

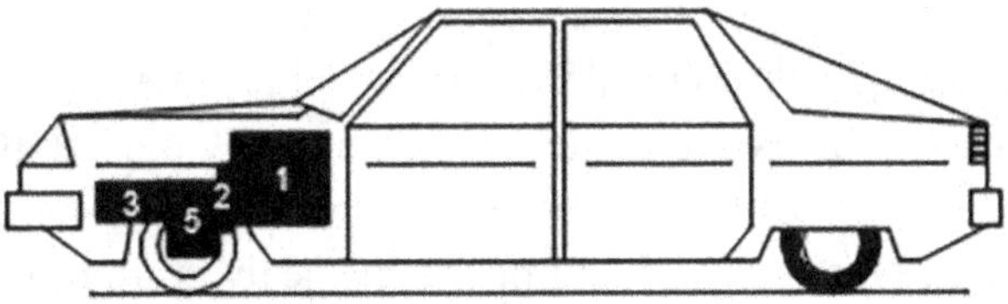

Renault
R 4 - R5 - R6 - R 16

Citroën
Traction - DS

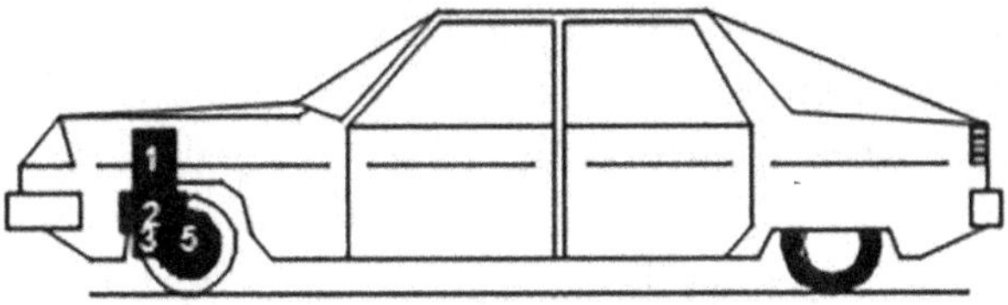

Peugeot
204 - 304 - 305

Austin
mini - maxi

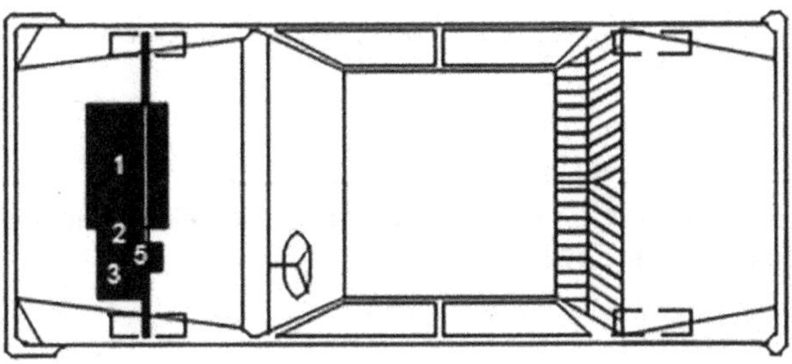

Autobianchi
Primula
1964

et depuis toutes
les tractions avant

Dépose d'un moteur

Méthode :

Aucune méthode ne peut-être indiquée. Elle peut différer suivant le modèle et suivant l'expérience de l'ouvrier. Cependant l'on peut en tracer les grandes lignes :

- Préparer le poste de travail.
- Protéger la carrosserie, pour éviter de rayer la peinture.
- Protéger le volant, les sièges et les tapis pour ne pas les salir avec des tâches de graisse.
- Débrancher la batterie. Toujours déconnecter la borne moins de la batterie pour éviter de provoquer des arcs électriques.
- Mettre de suite la batterie en charge. Pour éviter des déboires lors de la mise en route.
- Lire la notice technique du véhicule. Il est toujours intéressant de connaître certaines subtilités des modèles peu connus. Cinq minutes de lecture peuvent éviter des erreurs donc de perdre du temps.
- Mettre le démarreur en révision. Il est impensable de livrer un moteur neuf avec un démarreur défectueux.

Dépose du moteur.

Déposer les accessoires volumineux.
Récupérer le liquide de refroidissement, sauf s'il est défectueux
Vidanger l'huile moteur.
REMETTRE et **BLOQUER** les bouchons de vidange.
Définir un ordre de dépose : le dessus, de l'avant vers l'arrière ou le coté gauche puis le côté droit ensuite le dessous.
Déposer les conducteurs électriques, les repérer. Sur les véhicules récents, le faisceau électrique reste sur le moteur. Une prise générale est installée parfois sur le tablier avant.

IMPORTANT

- **À chaque dépose d'accessoires, de déconnexion de câblage électrique, de durits, de câbles de commande etc.**
- **Contrôler l'état.**
- **Ne pas retourner un radiateur.**
- **Établir la liste des pièces défectueuses.**
- **Ranger convenablement les accessoires déposés.**
- **Ne pas COUCHER un ventilateur à moyeu hydraulique.**
- **Éponger les tâches d'huile avec un produit absorbant.**
- **Nettoyer et ramasser la boulonnerie ainsi que l'outillage.**

L'embrayage

But

Transmettre le couple moteur à la boîte de vitesses.
Désaccoupler l'arbre primaire de la boîte de vitesses du volant moteur pour permettre le changement des rapports de vitesses.

Contrôle

Mécanisme.

Aucune rayure sur le plateau de friction.
Le ressort à diaphragme ne doit pas être cassé. Passage des vitesses très difficile.
Sur le ressort à diaphragme il ne doit pas y avoir l'empreinte de la butée.

Disque.

Il ne doit pas être voilé.
Les ressorts de progression ne doivent pas être cassés et ne doivent pas avoir de jeu.

Butée.

La butée est un roulement.
Elle doit coulisser sans effort sur son guide.
Elle ne doit pas être bruyante.

Dépose de la distribution – Repérage

But

Éviter les erreurs au remontage.

Méthode

Positionner le cylindre n°1 ou son opposé au point de bascule.
Piston au Point Mort Haut (**PMH**), les soupapes en fin d'échappement et en début d'admission.
Rechercher les repères sur la distribution et leur signification.
Pour une distribution à courroie crantée, tracer un repère sur la courroie en face des repères des pignons.
Noter la position des repères de la distribution (**DIST**)
Désarmer le tendeur et déposer la chaîne ou la courroie.

Distribution par pignons

Vérifier le jeu entre les dents des pignons avec un jeu de cales.
Jeu admissible 0,1 mm

Distribution par chaîne avec tendeur SEDIS

Le tendeur ne doit pas sortir de plus de 5 mm
Dans le cas contraire remplacer la chaîne et le tendeur.
Vérifier les dents des pignons.

Repérage des distributions par chaîne

1 ou oppose en balance ; piston au **PMH**

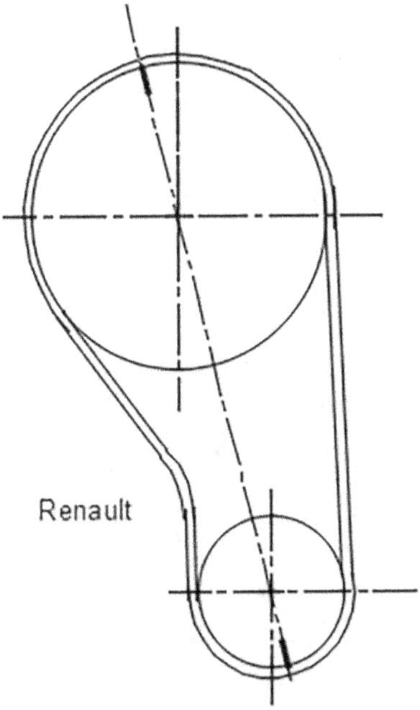

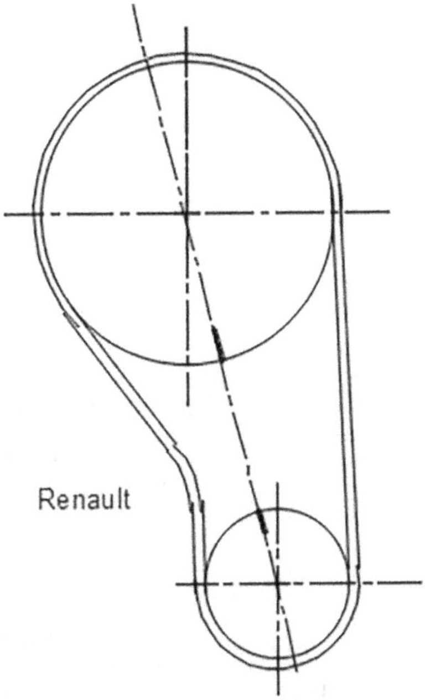

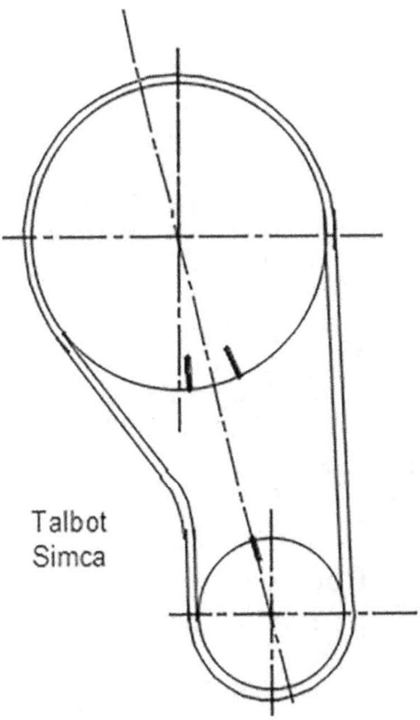

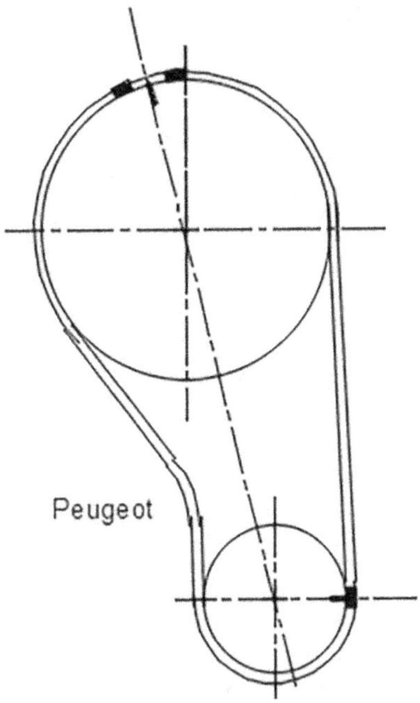

Repérage des distributions par pignons

1 ou oppose en balance ; piston au **PMH**

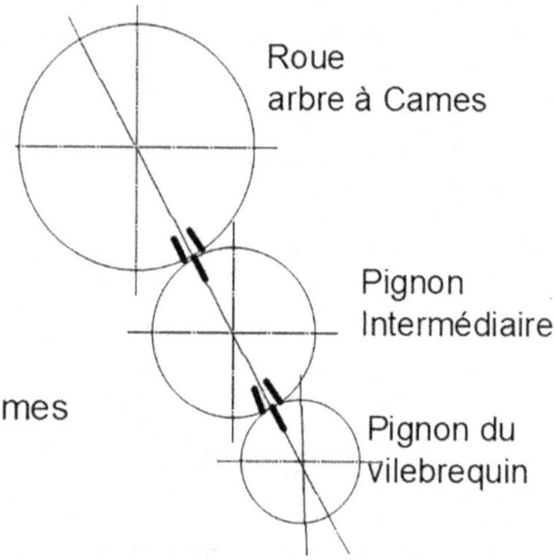

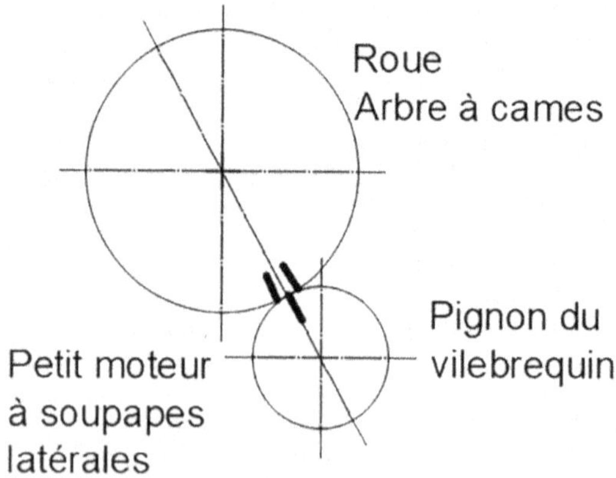

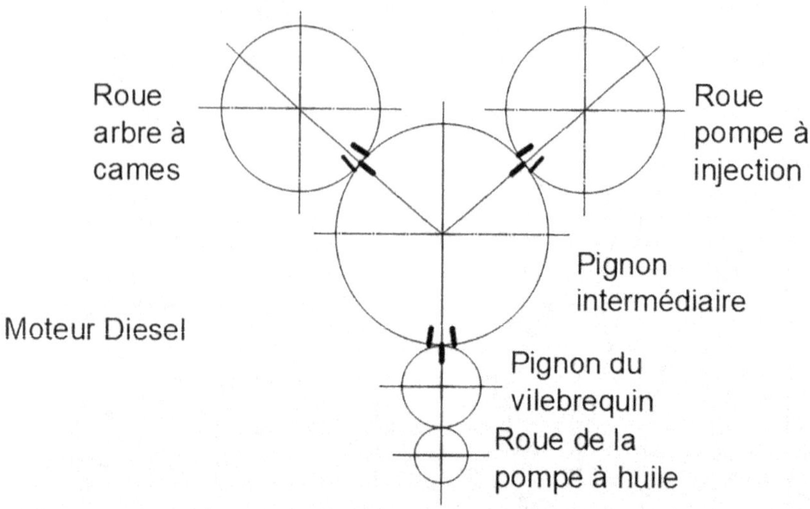

Repérage des distributions des moteurs Diesel

1 ou oppose en balance ; piston au **PMH**

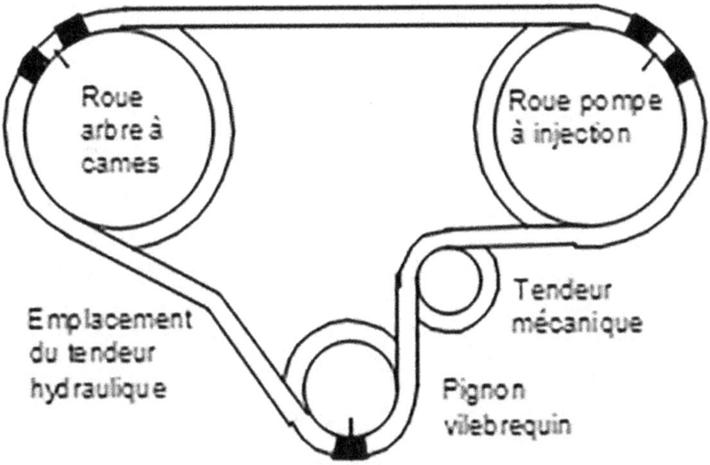

Moteur Indénor

Moteur Perkins

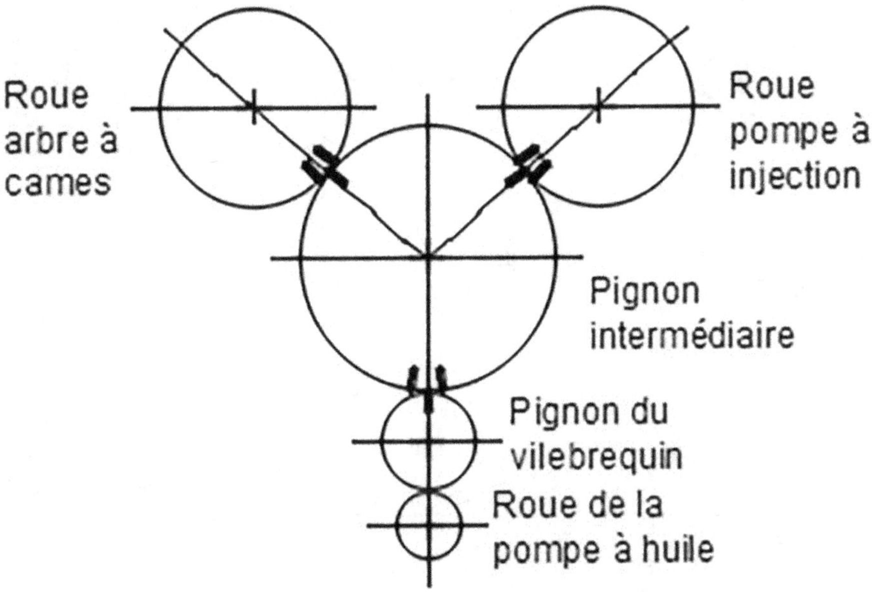

Repérage des distributions à courroie crantée

1 ou oppose en balance ; piston au **PMH**

Après calage et blocage du tendeur EFFECTUER 2 TOURS MOTEURS dans le sens de la marche et vérifier la tension de la courroie

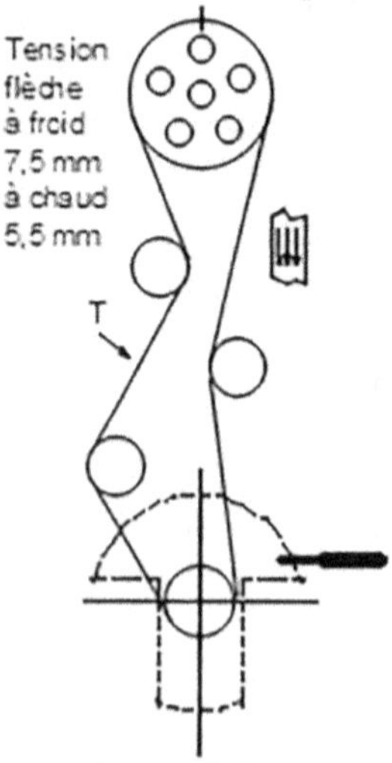

Renault R 21
MOT F2N-712 1,7 L

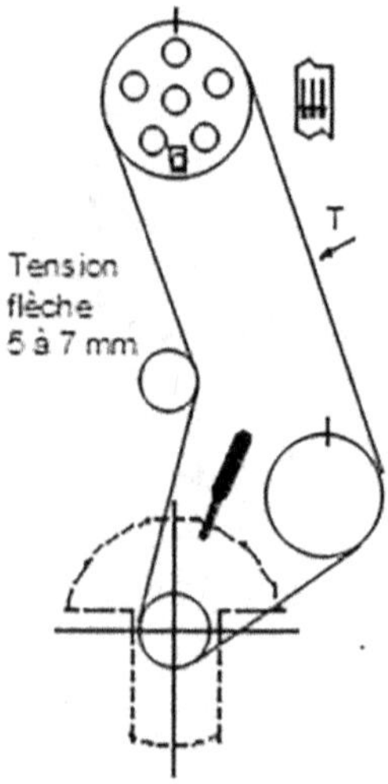

Renault R 21
MOT J7R-750 2L

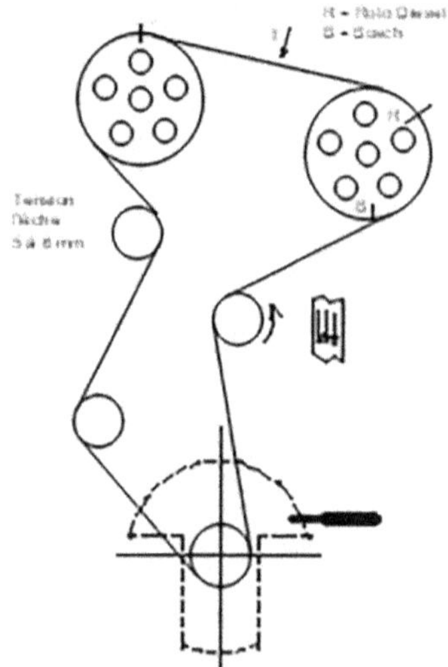

Renault R19 Diesel
MOT F80 - A705

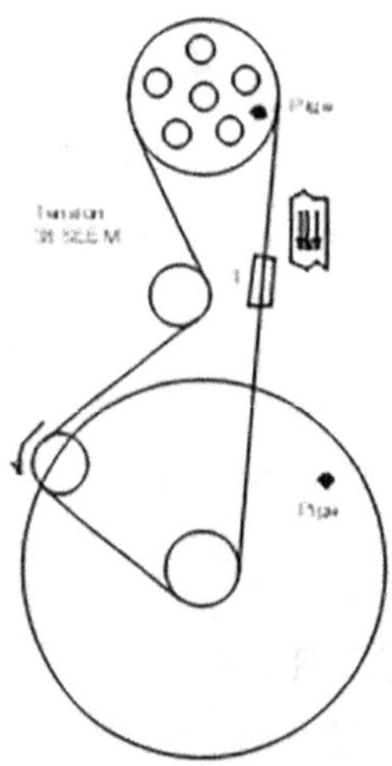

PEUGEOT 205
MOT TU

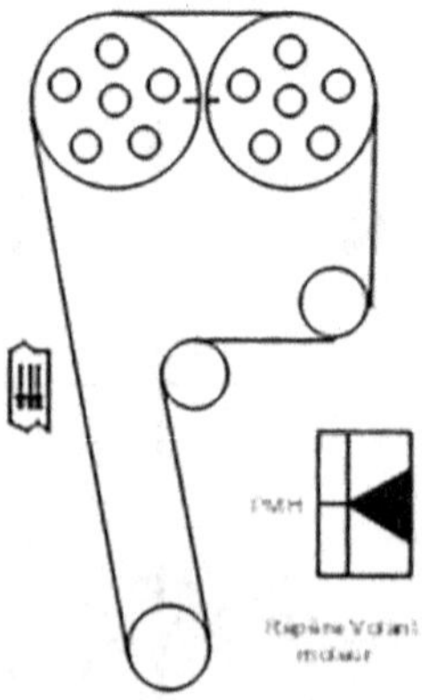

HONDA 16 soupapes
MOT B 20 A2

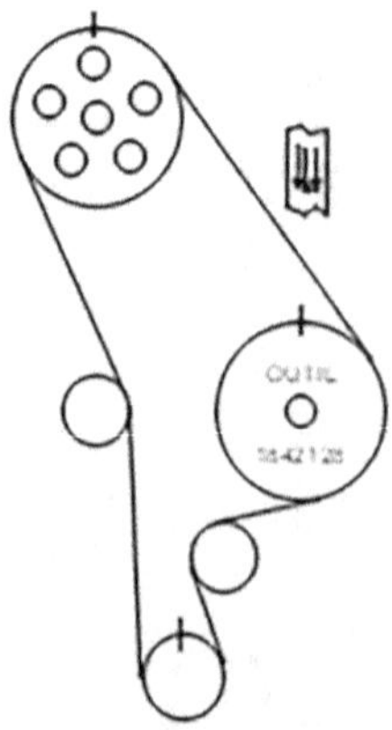

FIAT TIPO DIESEL
MOT 149 B4
MOT 160 A6

Dépose de la culasse.

But.

Échange du joint de culasse.
Rénovation de la culasse.
Réfection du moteur.

Dépose des accessoires.

Éventuellement, repérer le montage de la rampe de culbuteurs et de la disposition des tiges de culbuteur.
Pour une culasse à arbre à cames en tête vérifier le repérage de la distribution.
Pour les moteurs multi-culasses, repérer l'ordre des culasses. N°1 côté volant moteur ou côté distribution suivant les constructeurs.

Desserrage de la culasse.

IMPORTANT

- **À effectuer moteur froid, 6 heures après l'arrêt du moteur. Effectuer à chaud, la culasse une fois débloquée sera vrillée.**

Desserrer progressivement, quart de tour par quart de tour, en spirale, (escargot), vis par vis, de l'extrémité de la culasse vers l'intérieur.
Si une vis résiste, grippage dans le bloc moteur, il est préférable de faire « sauter » la tête de vis avec un foret et une perceuse.
Il sera plus facile de l'extraire si elle n'est pas brisée au ras du bloc moteur.

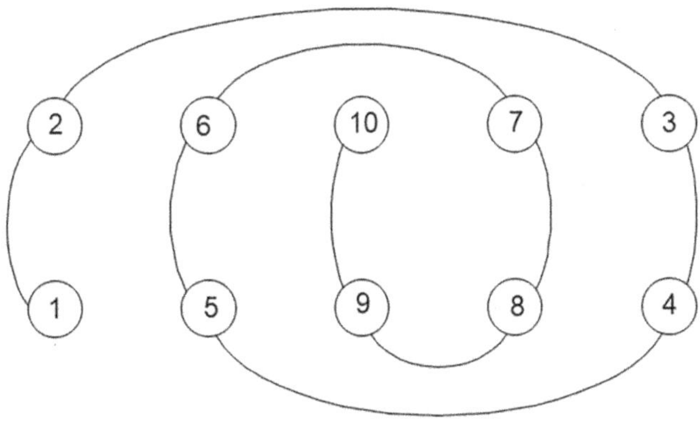

Ordre de desserrage des vis de la culasse

Moteur à chemises comprimées.
Rechercher l'emplacement des pions de centrage de la culasse voir Notice Technique (**NT**)

S'il y a deux pions de centrage, en enfoncer un à l'aide d'une vielle tige de culbuteur meulée à cet effet. Voir **NT**.
Laisser en contact, avec la culasse, la vis du pion de centrage restant ; enlever toutes les autres.
Cisailler le joint de culasse en faisant pivoter la culasse autour du pion de centrage.
La vis évite que la culasse se soulève et qu'elle entraîne les chemises, ce qui détruirait les joints d'embase de chemise donc l'étanchéité entre la chambre d'eau et le carter inférieur d'huile moteur.
Enlever la culasse.
Fixer les chemises par des brides de maintien.
Le cas échéant, récupérer les poussoirs et les tiges de culbuteur. Les ranger par ordre.

Dépose de la culasse

- Moteur avec chemises amovibles -
Cisaillement du joint de culasse

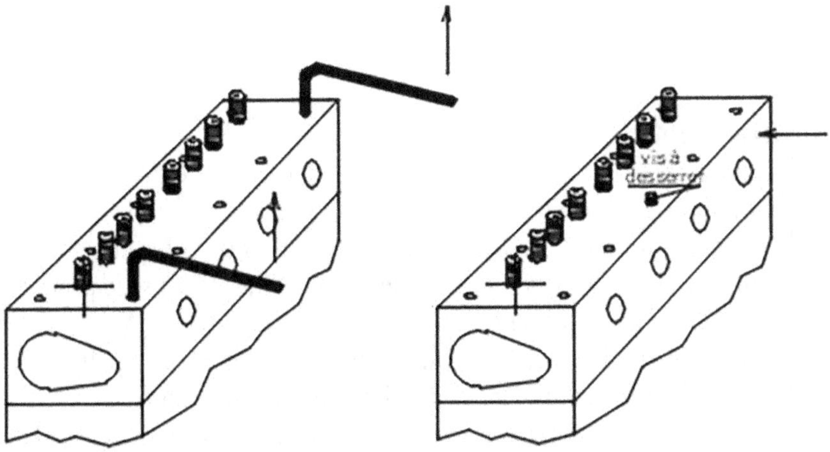

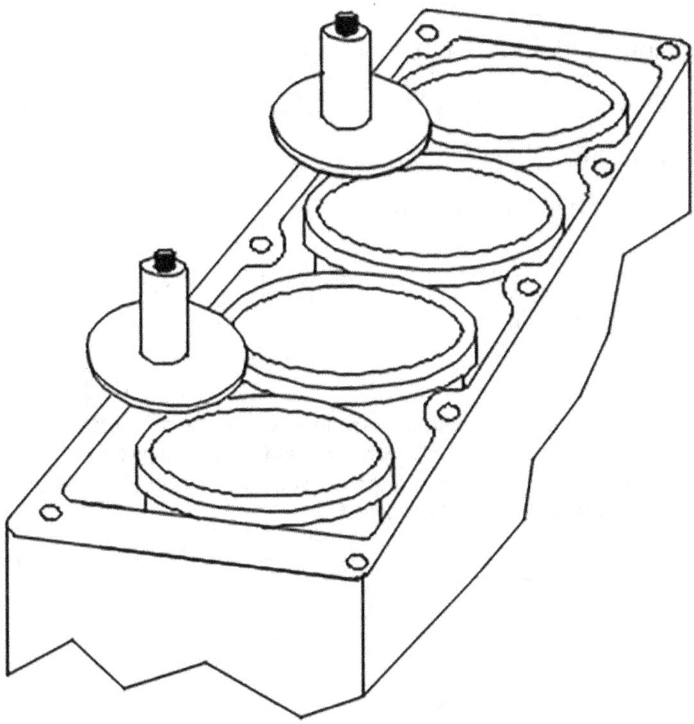

Contrôle du volant moteur

Contrôle visuel.

Vérifier l'état :

De la surface de la piste qui doit être exempte de craquelure et de rayure.

Des dents de la couronne dentée.

Contrôle métrique.

Pour contrôler le voile du volant moteur, il est nécessaire que son axe de rotation soit parfaitement guidé. Il est plus facile de le contrôler au démontage plutôt que de réaliser un montage sur un tour. Le contrôler au remontage augmenterait les délais de réparation, s'il faut se le procurer ou le faire usiner à ce moment-là.

Vilebrequin en place avec ses coussinets et ses chapeaux de palier.

Rattraper le jeu axial ou latéral du vilebrequin coté poulie.

Positionner un comparateur au 1 :100 mm sur le rayon moyen de la piste de friction et à la normale de la surface (90°).

Étalonner le comparateur à zéro.

Rechercher le voile maximal.

Tolérance = 2/10000 par mm de diamètre moyen de la piste.

Ex. : extérieur = 250 mm ; intérieur = 200 mm

Ø moy = (Ø ext + Ø int)/2 = (250 + 200)/2 = 225 mm

Voile maximal admissible :

225 x 0,0002 = 0,04 mm

Si le voile est supérieur aux tolérances il est possible de rectifier le volant moteur, voir **NT** constructeur.

IMPORTANT

- **Vérifier l'absence de corps étranger entre le volant et la collerette. Il se pourrait que le volant ne plaque pas correctement sur la collerette ou que celle-ci soit voilée. Si le voile de la piste est supérieur aux tolérances du constructeur, vérifier le voile de la collerette.**

Contrôle du volant moteur

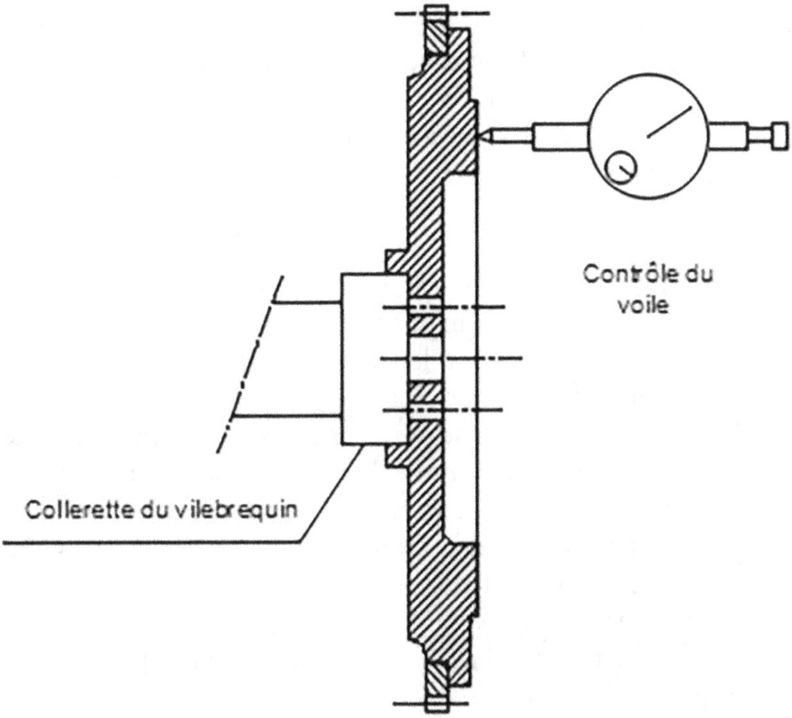

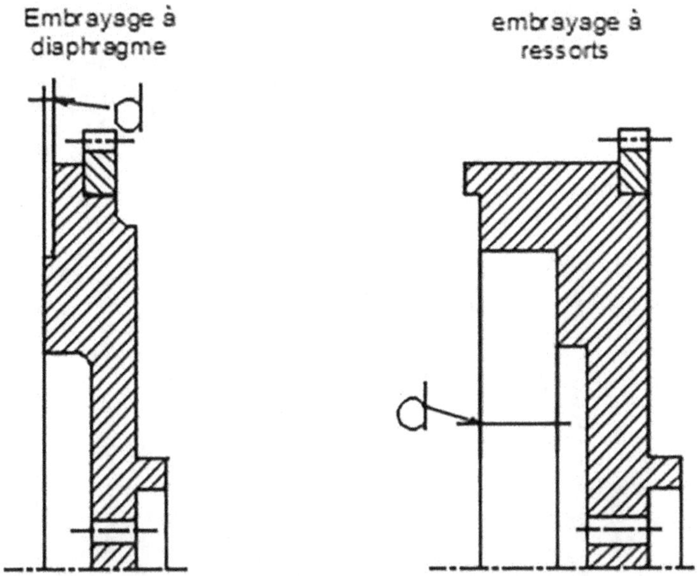

Côte d à respecter lors de la rectification du volant moteur.

Repérage et dépose du volant moteur

Le volant moteur peut-être équilibré avec le vilebrequin et sa position angulaire déterminée. Il est fréquent que, sur le pourtour du volant, soient marqués les repères d'avance et de **PMH**.
Il n'est pas obligé que le constructeur ait employé des *détrompeurs* pour un montage à une position unique, vis décalées angulairement ou radialement, pion de positionnement.

- Vérifier l'absence de *détrompeur* ou de repère.
- Rechercher le **PMH** à la fin de compression d'un cylindre extrême.
- Rechercher l'index fixe sur le bloc ou les carters.
- Vérifier la coïncidence des repères.
- En l'absence de repères de positionnement du volant sur la collerette du volant et après s'être assuré du bon positionnement du volant sur le vilebrequin, repérer le volant sur la collerette du vilebrequin soit par deux zéro, soit par deux coups de pointeau, l'un en face de l'autre, l'un sur le volant, l'autre sur la collerette.
- Déposer le volant moteur.
- Vérifier l'état du roulement ou de la bague guide du pignon d'entrée de la boîte de vitesses.

Dépose de l'embiellage – Repérage

But.

Éviter une erreur d'ordre ou de positionnement au remontage. Les chapeaux des paliers et les chapeaux des têtes de bielles sont usinés une fois montés.
Toute inversion au remontage est proscrite.

Méthode.

- Vérifier l'existence des repères du constructeur.
- Rechercher leur signification.
- En cas d'absence de repère, repérer.
- Utiliser des marques à frapper ou un crayon électrique.
- Ne pas marquer sur les plans de joint ou les portées.
- Repérer les chapeaux de bielle et de palier du même coté du moteur.
- Déposer les chapeaux de bielle et de palier.
- Ne pas séparer les pièces avec un tournevis ou un burin.

Détérioration des portées.

Sortir le vilebrequin.
Récupérer les cales latérales du vilebrequin.

ATTENTION. Si les cales latérales, côté volant moteur, sont usées, la cause est que le conducteur reste débrayé pendant l'arrêt du véhicule, le moteur en fonctionnement.

Vérifier l'état des glaces du vilebrequin.

Extraire les demi-coussinets.
Reposer les chapeaux de palier sur le bloc moteur.
Remonter les chapeaux de bielle sur les bielles.

Repérage de l'embiellage

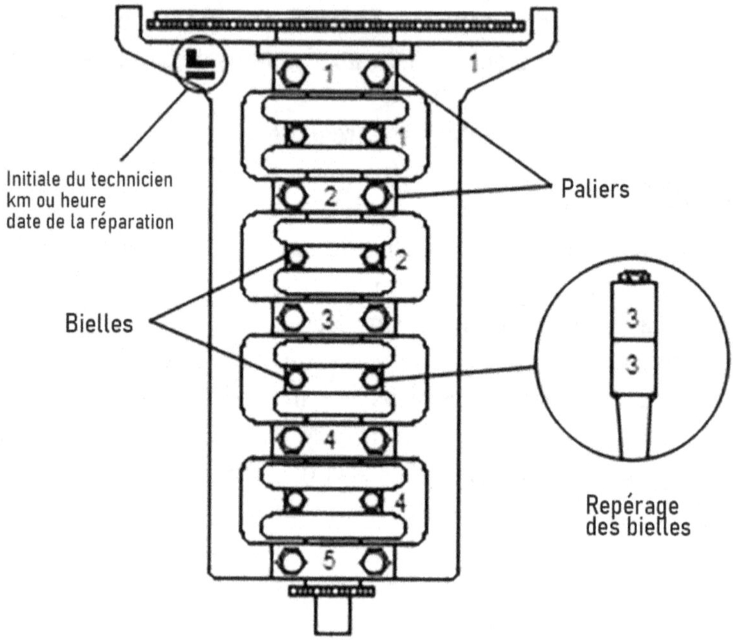

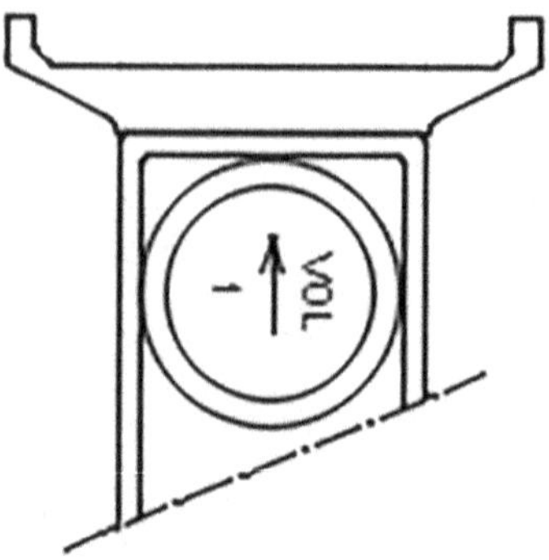

Repérage
des pistons

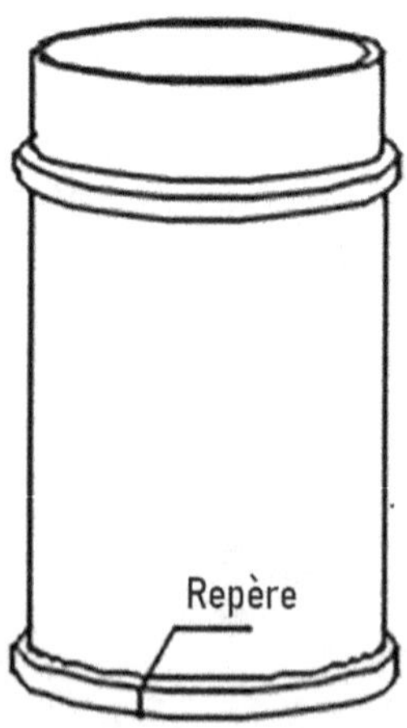

Repérage des chemises
du même côté que
le bielles

Dépose, repérage des pistons et des chemises

But.

Chemises et pistons neufs sont appairés en usine. En travaillant ensemble ils se sont rodés. Ne pas les remonter dans les mêmes positions peut amener un manque de puissance, un grippage, une consommation d'huile exagérée.

Méthode.

- Ne pas marquer sur les portées ou sur les plans de joint.
- Pour les chemises, utiliser une lame de scie à métaux ou une lime.
- Pour les pistons utiliser les marques à frapper ou un crayon électrique.

Repérage des chemises

Repérer les chemises du même coté que celui des bielles et dans le même ordre.

Repérage des pistons

Repérer l'ordre des pistons, le même que celui des bielles et leur orientation par une flèche indiquant soit la distribution soit le volant moteur.

Ex 1 VOL ou 1 DIST

Contrôle des pièces

But.

Reconnaître les pièces qui ne peuvent plus assurer un service fiable.
Établir la liste des pièces à remplacer pour les commander au magasin et éviter lors du remontage un manque de fourniture. Ce qui se traduit par une perte de temps énorme, surtout si vous êtes loin du centre d'approvisionnement. De plus la date de livraison du véhicule peut-être retardée de plusieurs jours.

Méthode.

Les instruments d'appréciation pour contrôler les différentes pièces en réparation automobile sont utilisables par le commun des mortels. Ils sont facilement accessible, question porte-monnaie, puisqu'ils ne coûtent rien. Ce sont la vue et le toucher. Encore faut-il savoir s'en servir. En effet en observant les pièces, il est facile de trier celles qui peuvent resservir et celles qu'il faut remplacer. J'appelle cette opération le **CONTRÔLE VISUEL**.
Si après cet examen le doute persiste pour certaines pièces, il est nécessaire d'utiliser des instruments de mesure : règle rectifiées, jauge de profondeur, pied à coulisse, jeu de cales, micromètre (palmer), marbre, vé de contrôle, comparateur, éprouvette, etc. J'appelle cette opération le **CONTRÔLE MÉTRIQUE**.

Contrôle visuel : RECHERCHER

Sur les pièces :

a) Mobiles : Les traces d'usures = rayures.
Les traces de grippage = rayures, arrachement de métal.
Les traces de contraintes = craquelures, fissures.
Les chocs thermiques = couleur bleue du métal.

b) Assemblées : Les jeux de fonctionnement.

c) Fixes : Les traces d'oxydation = point de rouille.
Les traces de contrainte mécanique = fente.

Sur les vis, les goujons, les écrous et les taraudages.
L'état des filetages.

Contrôle métrique : VÉRIFIER

Pour les pièces de révolution et les chemises : le diamètre, l'ovalisation, la conicité, la coaxialité.
Pour les autres pièces : la perpendicularité, le parallélisme, les épaisseurs, les longueurs, les alésages, les diamètres, les volumes.

Matériel de rectification des sièges de soupape

But.

Rénover par enlèvement de matière les sièges de soupape.

Matériel.

Rectifieuse à meules.
Fraises de rectification.

Rectifieuse à meules.

Avantages :

- Travail soigné.
- Le seul outil pour rectifier les sièges en acier au chrome.

Inconvénients :

- Avoir des meules de différents diamètres.
- Avoir des meules de différents angles.
- Retailler les meules après chaque passage.
- Mise en œuvre longue.
- Achat fréquent de nouvelles meules.

Fraises de rectification, type NEWAY.

Avantages :

- Matériel léger.
- Mise en œuvre facile.
- Angle du siège défini par construction.
- N'utilise pas de source de courant électrique.
- Coût nul à l'entretien si utilisé correctement.

Inconvénients :

- Matériel fragile.
- Coût d'acquisition élevé.
- Ne peut usiner les sièges au chrome.

Rectification des sièges de soupapes

But.

Rénover le siège de soupape.

Moyens.

Fraises ou meules.

Technologie.

Plus la portée du siège est étroite meilleure est l'étanchéité. La pression de contact est plus importante pour une surface faible.

F/S = P ; F en dan, S en cm^2, P en bar.

Plus la portée du siège est large meilleur est le refroidissement de la tête de soupape.

Comme les deux possibilités sont incompatibles entre elles, il faut un compromis.

La soupape d'admission est refroidie par les gaz frais qui circulent autour quand elle est ouverte. Donc pas de problème de refroidissement.

La portée du siège d'admission aura une largeur inférieure à un millimètre.

La soupape d'échappement travaille dans une ambiance de haute température, environ 700° à 900° suivant l'effort produit par le moteur.

Le refroidissement de la soupape s'effectue quand elle repose sur le siège. Le siège évacue la chaleur par la culasse.

La portée du siège d'échappement aura une largeur d'environ 2 mm.

Ces valeurs sont données à titre indicatif. Pour les dimensions exactes consultez la notice technique du constructeur.

Rectification des sièges de soupape (suite 1)

1er passage : remise en état de la portée.

Moyens : Fraise à l'angle de la soupape – 2°

Constations : La rectification a augmenté la largeur du siège. La portée se fait plus haut sur la soupape.

Solution : Ramener la largeur du siège à la dimension souhaitée. Régler en hauteur le siège.

Important.

. **Contrôler la portée d'un siège avec une soupape neuve.**

2e passage : réglage en hauteur de la portée.

Moyens : Fraise à 15°
Dresser une meule à 15°

Attention : Le milieu de la portée du siège doit correspondre avec le milieu de la portée de la soupape.

Trop haut	**Trop bas**
La soupape se déformera. Déformation due à la chaleur et à l'action du ressort.	La soupape fermera mal De la calamine se formera sous la portée.

3e passage : réglage de la largeur du siège.

Moyen : Fraise à 60°

Attention : Ne pas utiliser une meule, elle risquerait d'éclater dû au coincement dans le siège.
Ne pas appuyer sur la fraise, avec une telle conicité elle coince dans le siège.

Rectification des sièges de soupapes (suite 2)

Utilisation des fraises ou des meules.

Important.

. **Lire le mode d'emploi du matériel avant utilisation.**

Positionnement du guide. Un guide de fraise ou de meule mal positionné entraîne une rectification du siège non concentrique avec l'axe de la queue de soupape.

Attention : Choisir un guide convenant au diamètre du guide de soupape.

UN GUIDE TROP PETIT
= DESTRUCTION DU GUIDE
+ RECTIFICATION EXCENTRÉE

Fraise.

Choisir la fraise correspondant au diamètre et aux angles de la soupape.
Régler les couteaux aux cotes du siège.

Attention : Les couteaux ont un sens de positionnement.
Serrer modérément, les vis de blocage sont fragiles.
Chaque fraise est double. Choisir l'angle en fonction de la soupape et du réglage à effectuer, hauteur, largeur.
Ne pas laisser tomber la fraise sur le siège.
Appuyer modérément sur l'outil d'entraînement 1 à 2 daN.

Important.

. **Les fraises ont un angle inférieur de 2° à celui de la soupape. Tout rodage est inutile. Il s'effecteur en fonctionnement par déformation de la soupape. Pour obtenir une étanchéité parfaite dés le début de fonctionnement, il est nécessaire de frapper modérément sur la tête des soupapes lorsqu'elles sont en place sur leurs sièges.**

Important.

. **Enlever le minimum de matière.**

Rectification des sièges de soupape (suite 3)

Meules.

Choisir la meule en fonction du diamètre du siège.
Tailler la meule au diamant à un angle inférieur de 2° à celui de la soupape.

Attention : Appuyer suffisamment sur la machine pour comprimer légèrement le ressort de limitation d'effort.
Lubrifier la meule au pétrole.
Travailler par fractions de temps brèves.
Tailler fréquemment la meule. Elle s'use plus vite que le siège.

Important.

- **Pour le réglage en largeur du siège utiliser une fraise.**
- **Si les meules sont taillées correctement, le rodage des soupapes s'effectuera de la même manière qu'après une rectification à l'aide de fraises.**
- **Dans le cas contraire, les soupapes se détériorent rapidement. La chaleur n'est plus évacuée. La soupape est brûlée.**

Attention : Changer un siège de soupape est une opération délicate parfois impossible. Aussi la rectification des sièges de soupape est une opération qui ne supporte pas l'erreur.

Important.

- **Pour les culasses de moteur diesel, il est nécessaire de mettre à hauteur les soupapes cote réparation pour compenser la descente du siège due à la rectification. Ces soupapes ont une tête plus épaisse que celles d'origine.**
- **Pour respecter le retrait des soupapes indiqué par le constructeur, il est nécessaire de dresser la tête de soupape au tour avec un outil au carbure de tungstène, la soupape montée dans une pince au diamètre de la queue.**

ENLEVER LE MINIMUM DE MATIÈRE

Sur un moteur diesel, si les sièges sont trop descendus, il est nécessaire de rectifier ou de changer la culasse ou de monter des soupapes à la tête plus épaisse.

La rectification des sièges

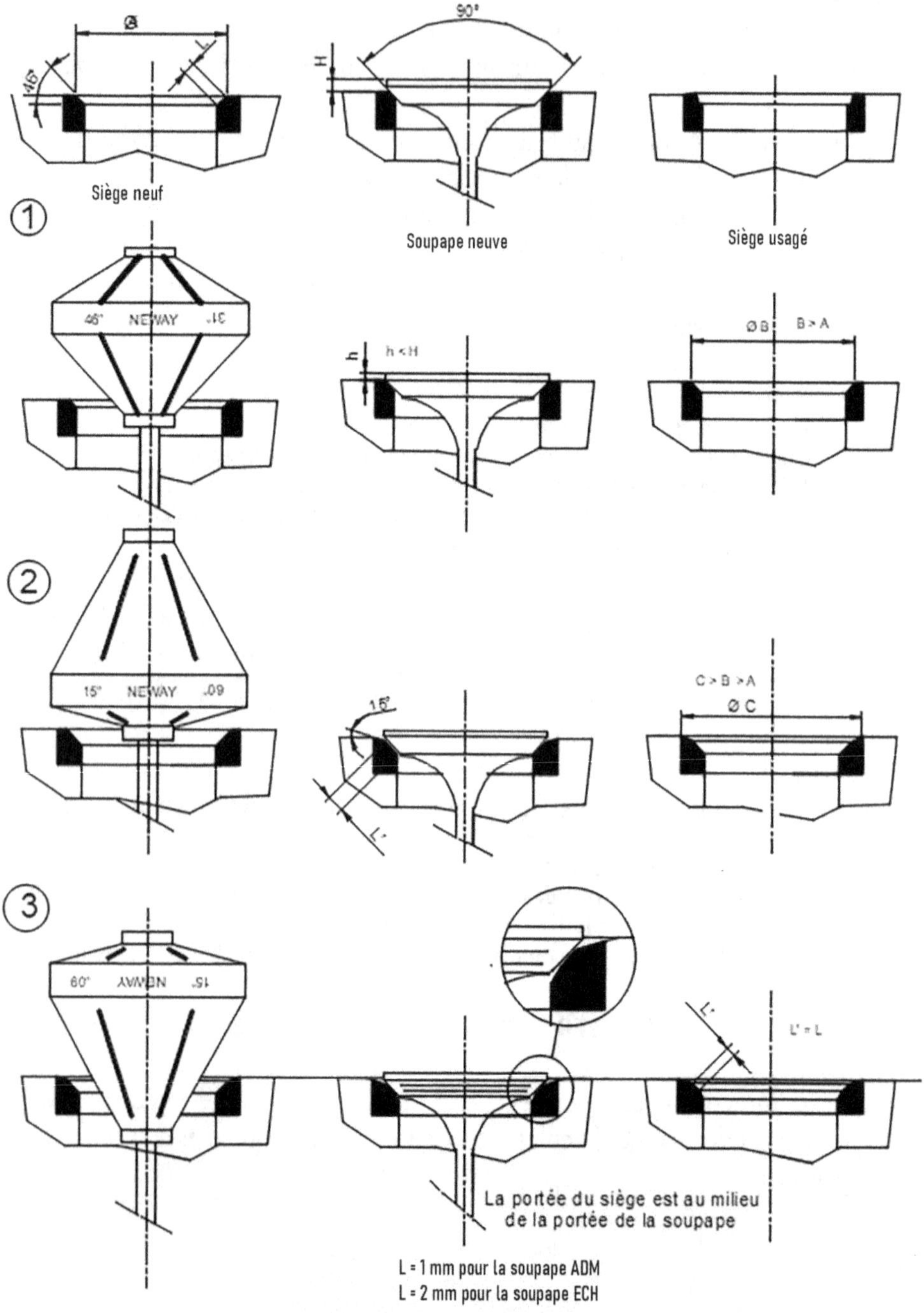

L = 1 mm pour la soupape ADM
L = 2 mm pour la soupape ECH

Remontage de la culasse.

Nettoyer et souffler les chapelles de la culasse pour éliminer toutes les traces de limaille et de pâte à roder.
Monter correctement les joints de queue de soupape.
Huiler uniquement les queues de soupape et les pièces mobiles, arbre à cames, culbuteurs, etc.

Attention : Sur certains moteurs récents il est interdit d'huiler les queues de soupapes.
Monter correctement les rondelles d'appui, les ressorts, les clavettes.

Vérification.

Contrôle : Du volume des chambres de combustion si la hauteur de la culasse est inférieure aux cotes indiquées par le constructeur.
Remplir les chambres avec du gazole ou du pétrole lampant à l'aide d'une éprouvette.

Tolérance. Différence de volume entre la chambre la plus grande et la plus petite.

Moteur essence : 10 % du volume indiqué par le constructeur.

Moteur diesel : 2 % du volume indiqué par le constructeur.

Important.

. **Aucune chambre ne doit être inférieure au volume mini indiqué par le constructeur.**

Contrôle : De l'étanchéité des chambres de combustion de la culasse.
Laisser la culasse ainsi pendant une ou deux heures. Aucun suintement de liquide ne doit apparaître dans les conduits d'échappement et d'admission.

Montage des chemises à dilatation comprimée, réglables

But.

Régler le dépassement des chemises du bloc moteur pour assurer un serrage convenable du joint de culasse sans déformer les chemises.

Méthode.

- Enlever toute la calamine et les poussières sur les portées et les embases des chemises.
- Vérifier l'absence d'huile dans les taraudages, effet de vérin.
- Classer les joints papier ou les joints en cuivre par épaisseur.
- Placer le joint le plus épais sur la première chemise.
- La chemise en place, avec un comparateur, contrôler son dépassement en trois points.
- Différence, maxi entre le point le plus haut et le plus bas, 0,02 mm
- Si la différence est supérieure à 0,02 mm, rechercher la cause.
- Le dépassement doit-être compris dans les tolérances du constructeur généralement comprises entre 0,08 mm et 0,14 mm.
- Si le dépassement est supérieur à 0,14 mm, mettre un joint moins épais.
- Placer le même joint sur les autres chemises.
- Contrôler leurs dépassements.
- Vérifier la différence de hauteur entre deux chemises contiguës.
- Différence maxi 0,03 mm
- Changer les joints en conséquence.

Montage des chemises à dilatation comprimée, réglables

– Dessin –

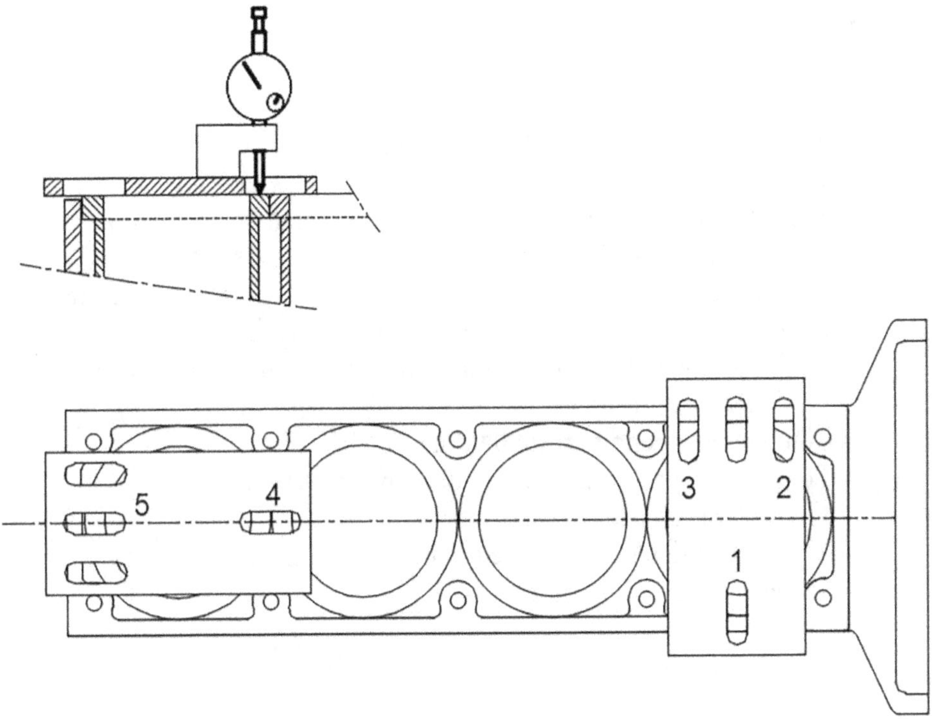

1 - 2 - 3 - 4 - 5 : contrôle à effectuer sur chaque chemise

Montage des chemises à dilatation non réglable et chemises pendues

But.

Régler le dépassement des chemises du bloc moteur pour assurer un serrage convenable du joint de culasse sans déformer les chemises.

Méthode.

- Enlever toute la calamine et les poussières sur les portées et les embases des chemises.
- Vérifier l'absence d'huile dans les taraudages, effet de vérin.
- Placer les chemises dans leurs fûts respectifs sans les joints.
- Les chemises en place, avec un comparateur, contrôler leur dépassement en trois points.
- Différence, maxi entre le point le plus haut et le plus bas, 0,02 mm
- Si la différence est supérieure à 0,02 mm, rechercher la cause.
- Le dépassement doit-être compris dans les tolérances du constructeur généralement comprises
- Pour chemise pendue entre 0,02 mm et 0,10 mm
- Pour chemise comprimée entre 0,08 mm et 0,14 mm.
- Contrôler leurs dépassements.
- Vérifier la différence de hauteur entre deux chemises contiguës.
- Différence maxi 0,03 mm

Important.

- **Le dépassement des chemises doit être compris entre les valeurs limites.**
- **Si le « désafleurement » de deux chemises contiguës est supérieur à 0,03 mm, changer les chemises de place de façon de les disposer en « escalier ». La plus haute la plus éloignée de la pompe à eau.**
- **Au montage placer les pistons dans leurs chemises respectives. Le piston N°1 avec la chemise N°1 etc.**

Montage des chemises à dilatation non réglable et chemises pendues

– Dessins –

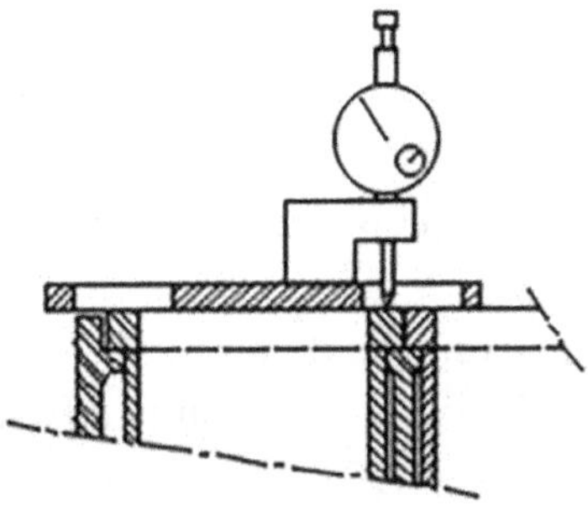

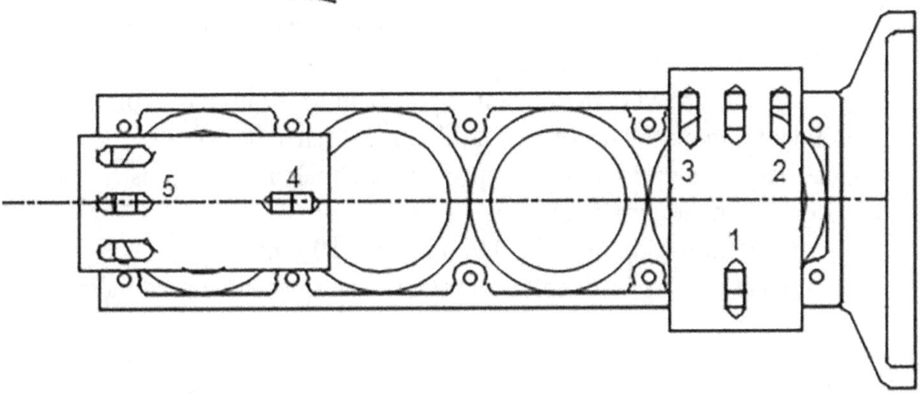

1 - 2 - 3 - 4 - 5 : contrôle a effectuer sur chaque chemise

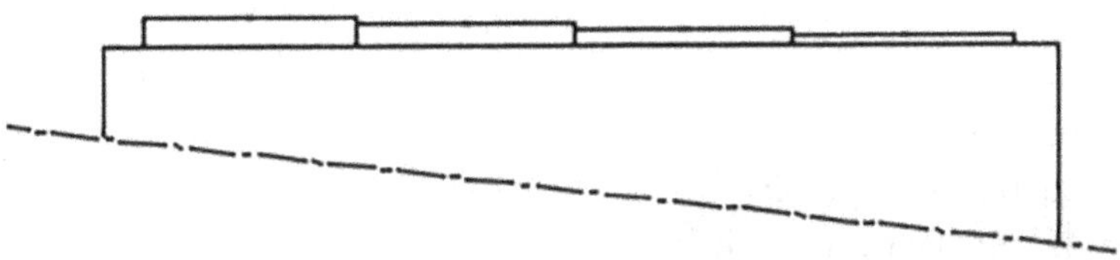

Montage des chemises pendues réglables par cales de clinquant

But.

Sur certains moteurs, il est possible de régler le dépassement des chemises par des cales en clinquant, mince feuille d'acier d'épaisseur de 0,02 mm à 0,1 mm.

Méthode

- Enlever toute la calamine et les poussières sur les portées et les embases des chemises.
- Vérifier l'absence d'huile dans les taraudages, effet de vérin.
- Placer les chemises dans leurs fûts respectifs sans les joints et sans cales.
- Les chemises en place, avec un comparateur, contrôler leur dépassement en trois points.
- Différence, maxi entre le point le plus haut et le plus bas, 0,02 mm
- Si la différence est supérieure à 0,02 mm, rechercher la cause.
- Le dépassement doit-être compris dans les tolérances du constructeur généralement comprises
- Pour chemise pendue entre 0,02 mm et 0,10 mm
- Calculer l'épaisseur de cale pour que la chemise soit dans la tolérance maximale.

N° de la chemise	1	2	3	4
Dépassement maximale de la chemise	0,10	0,10	0,10	0,10
Mesure du dépassement de la chemise	0,02	0,05	0,02	-0,02
Épaisseur de cale	0,08	0,05	0,08	0,12

- Placer les cales en clinquant sous la collerette de la chemise.
- Brider les chemises sur le bloc moteur.
- Contrôler le dépassement des chemises avec les cales.
- Vérifier la différence de hauteur entre deux chemises contiguës.

  Différence maxi 0,03 mm

Adresses utiles :

http://www.jicey.com/jicey.htm
http://www.meca-vit.fr/

Montage des chemises pendues

Remplacement des chemises par des chemises côte réparation

But.

Sur certain moteur il n'est pas possible de régler le dépassement des chemises par des cales en clinquant. Il faut donc remplacer les chemises par des chemises cote réparation qui ont une collerette plus haute de 0,5 mm.
Il ne faut pas que les pistons soient hors côte. Dans ce cas l'échange des chemises et pistons est nécessaire.
Attention : il faut prendre des chemises avec une collerette à la côte réparation.

Méthode.

- Enlever toute la calamine et les poussières sur les portées et les embases des chemises.
- Vérifier l'absence d'huile dans les taraudages, effet de vérin.
- Numéroter les chemises neuves à la cote réparation.
- Placer les chemises dans leurs fûts respectifs sans les joints.
- Les chemises en place, avec un comparateur, contrôler leur dépassement en trois points.
- Prendre la mesure la plus haute sur chaque chemise.
- Calculer l'épaisseur à enlever à la collerette.

N° de la chemise	1	2	3	4
Dépassement maximale de la chemise	0,48	0,38	0,45	0,50
Dépassement constructeur de la chemise	0,10	0,10	0,10	0,10
Épaisseur à enlever	0,38	0,28	0,35	0,40

- Déposer chaque chemise et inscrire dessus la cote à enlever.
- Donner les chemises à un atelier de rectification qui enlèvera au tour la hauteur demandée.
- Inutile de dire que la prise des mesures doit être précise.
- Brider les chemises sur le bloc moteur.
- Contrôler le dépassement des chemises.
- Vérifier la différence de hauteur entre deux chemises contiguës.
- Différence maxi 0,03 mm

Montage des chemises pendues - Cas extrême

But.

Il peut se produire que les chemises et les pistons soient en bon état et que le dépassement des chemises soit défectueux.
En l'absence de cale en clinquant de réglage et chemise à la collerette à la côte de réparation il est possible de rénover le moteur. Mais ce sera la dernière fois.

Méthode.

– Donner bloc moteur avec son vilebrequin ses chemises et pistons à un atelier de rectification.
– L'atelier de rectification :
  · Rectifiera la surface du plan de joint de culasse du bloc moteur.
  · Mettra à hauteur les chemises.
  · Mettra à hauteur les pistons.

Il vous rendra un bloc embiellé qui durera autant qu'un moteur neuf.

Montage des pistons à axe fretté dans le pied de bielle

Attention : Tout montage est définitif. La dépose de l'axe détruit le piston.

Méthode.

- Repérer les ensembles chemise-piston-axe.
- Éventuellement, 4 heures avant le montage, placer les axes de piston dans une boîte en polystyrène ouverte au congélateur (moins 18°C). Refermer la boîte avec son couvercle pour le transport.
- Préparer l'outillage de montage.
- Disposer les pistons dans l'ordre de montage sur l'établi.
- Rechercher les sens de montage des pistons avec les bielles.
- Sur la plaque chauffante, disposer dans l'ordre et dans le sens de montage les bielles.
- Sur chaque pied de bielle placer un bout de soudure d'étain.
- Mettre sous tension la plaque chauffante.
- Positionner le piston sur l'enclume de montage.
- Positionner l'axe de piston sur le mandrin de montage. Serrer puis desserrer d'un quart de tour. La dilatation de l'axe de piston due à la chaleur du pied de bielle bloquera le mandrin de montage.
- Dès que la soudure forme la goutte. Environ 230° C.

Rapidement et sans hésitation,

- Saisir la bielle et la présenter dans le piston. Introduire l'axe dans l'alésage du piston jusqu'à la butée du mandrin de pose.
- Attendre environ dix secondes pour déposer le mandrin de pose et le piston-bielle du support.
- Vérifier le positionnement de l'axe et du piston par rapport à la bielle.

Attention : Si pour une raison quelconque l'axe n'est pas enfoncé comme il devrait l'être, attendre le refroidissement de l'ensemble et continuer à la presse jusqu'à la position définitive.
Il y a risque de fendre ou de déformer le piston.

Montage des pistons à axe fretté dans le pied de bielle

– Dessin –

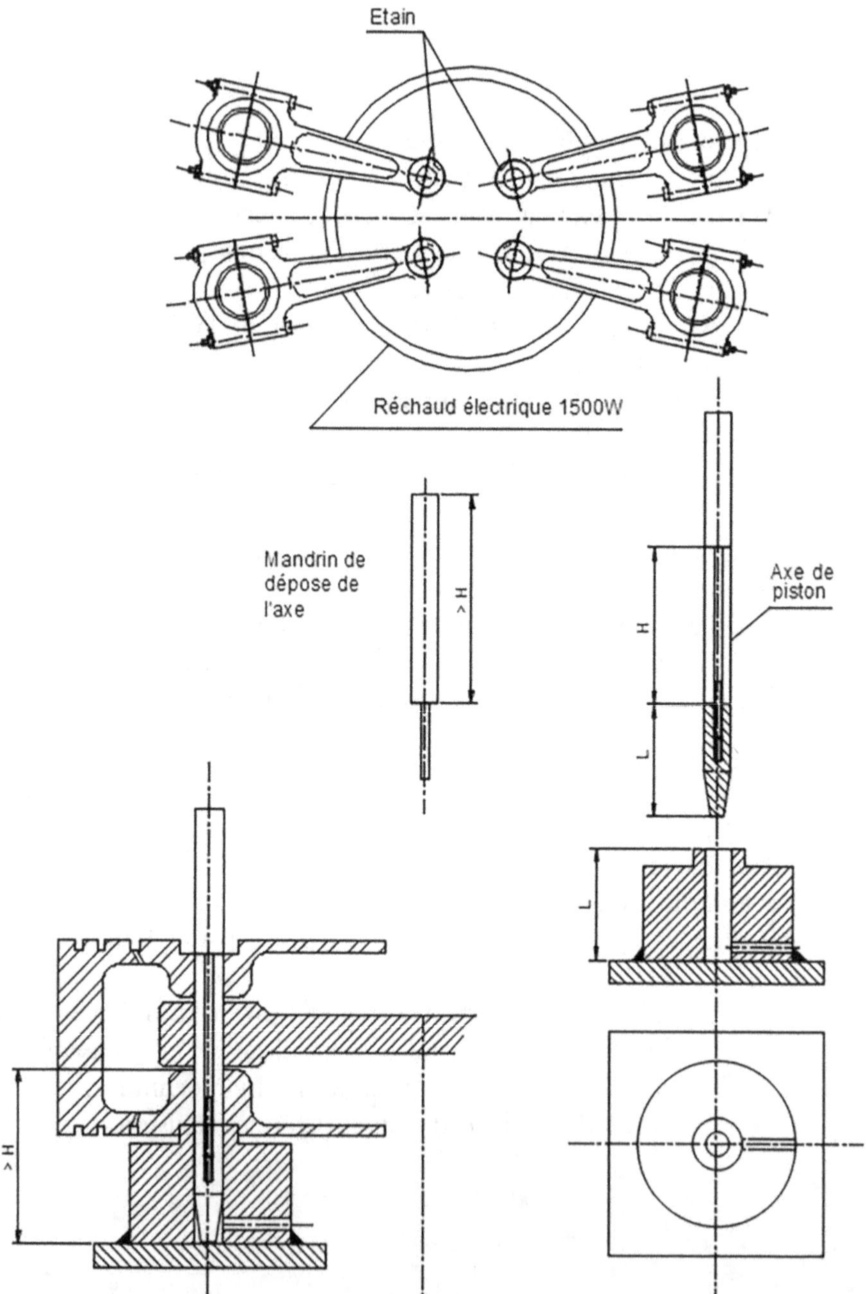

Montage des pistons
Axe libre dans le pied de bielle

Méthode.

- Repérer chaque pièce de chaque ensemble neuf, chemise, piston, axe.
- Les pièces neuves sont appairées.
- Éventuellement, 4 heures avant le montage, placer les axes de piston dans une boîte en polystyrène ouverte au congélateur (moins 18°C). Refermer la boîte avec son couvercle pour le transport.
- Préparer une table de travail propre.
- Rechercher le sens de montage des pistons sur les pieds de bielles.
- Confectionner au tour, un mandrin de montage en acier doux (XC20)
- Disposer sur la table les pistons, les chemises, et les bielles par ensemble et par ordre de montage pour éviter les erreurs.
- Placer un circlips sur le piston pour servir de butée à l'axe. Attention au sens de montage.
- Chauffer les pistons dans l'eau bouillant ou à défaut à l'alcool à brûler. Retourner le piston, verser l'alcool dans le fond du piston, allumer. Éviter d'utiliser de l'essence à cause des suies.
- Positionner le piston sur la bielle et enfoncer l'axe jusqu'à la butée sur le circlips à l'aide du mandrin sans marteau.
- Vérifier le sens de montage du piston sur la bielle.
- Monter le deuxième circlips.

Mise à la côte des pistons neufs

Sur certains moteurs diesel, Perkins, Coach, il est nécessaire de mettre à hauteur, par tournage, les pistons neufs.

Méthode.

- Faire un montage blanc, sans les segments mais avec les coussinets sur le vilebrequin du moteur.
- Mettre de l'huile sur la soie du vilebrequin.
- Serrer la tête de bielle
- Mesurer le retrait ou le dépassement du piston.
- Comparer avec la Notice les données du constructeur. À défaut prendre les côtes avant la dépose des vieux pistons.
- Tournage de la tête du piston.
- Tourner des mors doux à 0,02 mm au-dessus du diamètre du piston. Prendre le diamètre à la jupe à 90° de l'axe.
- Protéger le piston par une feuille de papier.
- Monter le piston sur les mors sans trop serrer.
- Placer axialement un comparateur sur le pourtour de la tête.
- Centrer le piston.
- Poser un comparateur sur le chariot porte outil.
- Faire tangenter l'outil avec le piston.
- Étalonner à zéro le comparateur.
- Reculer l'outil.
- Prendre une passe de 0,5 mm au maximum.
- Après usinage remonter le piston sur sa bielle.
- Reprendre les cotes sur le bloc moteur.
- Le dépassement ou le retrait doit être compris dans les tolérances du constructeur.

Attention : Aucune erreur n'est permise.

Contrôle du dépassement du piston

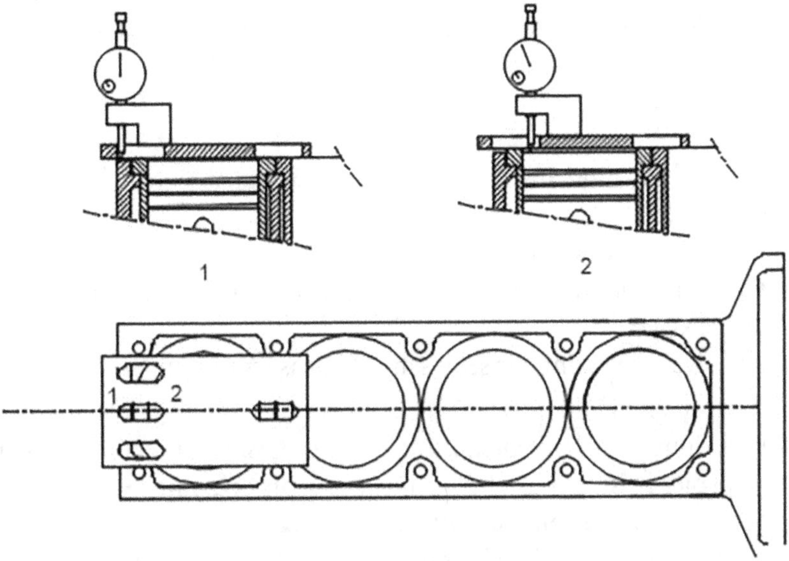

Mise à hauteur d'un piston d'un moteur Diesel

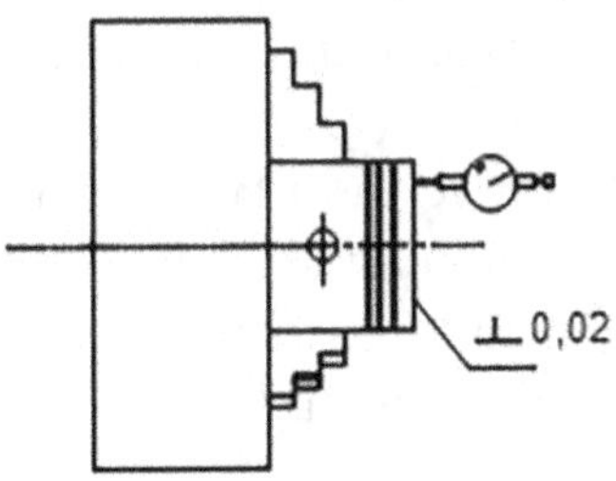

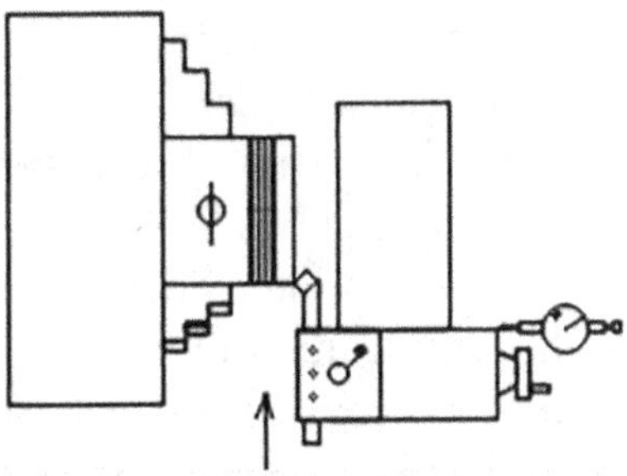

Positionner le piston sur le mandrin de façon à s'approcher de la perpendicularité de 0,02 mm sur la circonférence du piston.
Protéger le piston avec du papier

Bloquer le traînard
Faire tangenter l'outil, mandrin tournant
Comparateur à zéro
Dégager l'outil
Avancer la tourelle de la valeur à enlever
Exécuter les passes
Contrôler sans déposer le piston

Contrôle du serrage des demi-coussinets

But.

Vérifier si les demi-coussinets ne risquent pas de bouger ou de vibrer dans les paliers ou les têtes de bielle.

Méthode

- Sur un bloc moteur ou sur les têtes de bielles absentes d'huile et de poussière.
- Mettre en place les demi-coussinets.
- Positionner les orifices des demi-coussinets en face des canalisations de graissage.
- Ils doivent se maintenir seul, sans jeu dans leur logement.

Si ce n'est pas le cas :

- Introduire entre le vilebrequin et le demi coussinet plusieurs épaisseurs de papier Bristol pour obtenir une épaisseur de 2 mm.
- Serrer au couple constructeur les chapeaux.
- Aucun espace ne doit exister entre le chapeau et son support.

Si ce n'est pas le cas :

- Vérifier les états de la surface de contact du chapeau sur son support.
- Vérifier le diamètre, la conicité et l'ovalisation de l'alésage et des demi-coussinets si le problème persiste
- Desserrer le ou les vis d'un même coté du chapeau.
- Une cale de 0,05 mm doit s'insérer entre le chapeau et le bloc moteur ou la tête de bielle.
- Dans l'impossibilité de passer une cale, dresser la surface de contact du chapeau, sans le demi-coussinet, au marbre avec une toile émeri. Cette opération est délicate et de plus interdite par les constructeurs.
- Si cette solution ne vous semble pas satisfaisante, il faut changer le bloc moteur ou le jeu de bielles.
- Vérifier à nouveau le serrage des demi-coussinets

Montage des 1/2 coussinets

Attention : Positionner correctement les orifices de graissage.
Huiler les 1/2 coussinets après le plastigage.

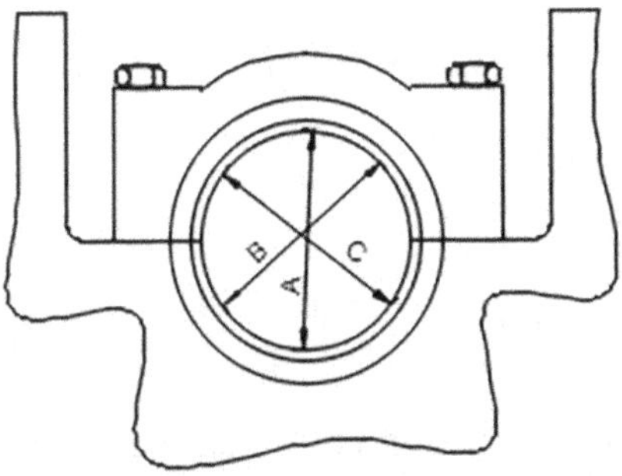

Controle de l'ovalisation paliers ou des bielles

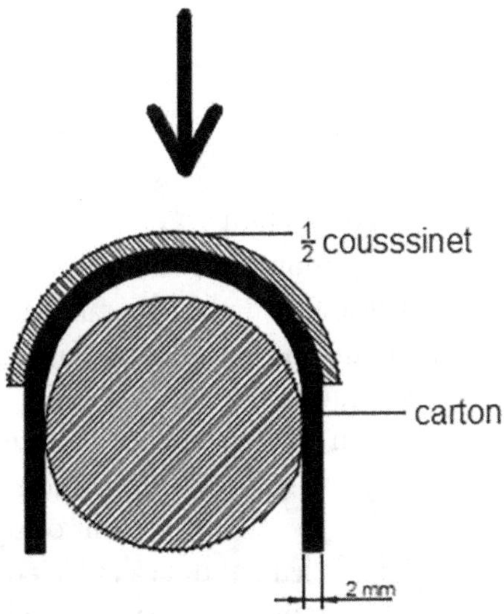

Méthode pour donner de l'ouverture à un ½ coussinet

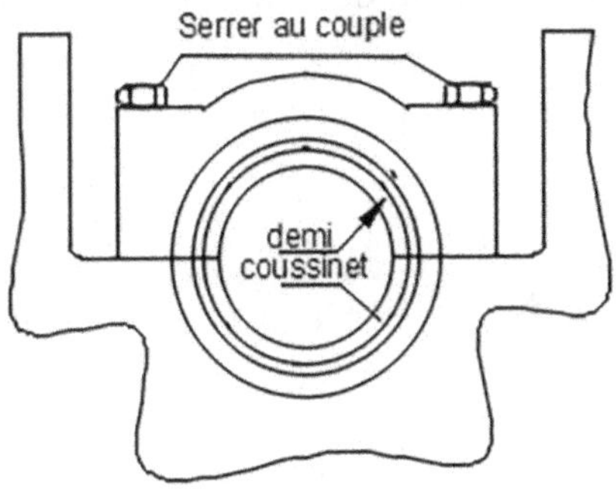

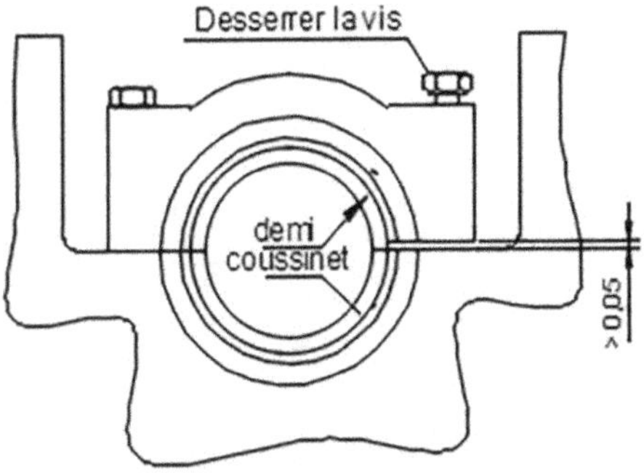

Contrôle du serrage des demi-coussininets

Contrôle des jeux de l'équipage mobile

CONTRÔLE ET RÉGLAGE DU JEU AXIAL OU LATÉRAL DU VILEBREQUIN

But.

Régler le jeu axial du vilebrequin pour limiter son déplacement.

Méthode.

– Mettre en place les demi-coussinets dans le bloc.

Attention aux canalisations de graissage.

– Ne pas huiler.

– Positionner le vilebrequin – attention au sens.

– Mettre en place les cales latérales.

Attention au sens de montage. La partie antifriction contre les glaces du vilebrequin.

Avec un comparateur en bout de vilebrequin, mesurer son déplacement.

Jeu = Notice Constructeur.
Généralement compris entre 0,2 et 0,4 mm.

Régler le jeu par des cales latérales plus ou moins épaisses.

Ne jamais interposer entre les cales et le bloc moteur des cales en clinquant, feuille mince d'acier.

Réglage du jeu du vilebrequin

Jeux axial du vilebrequin

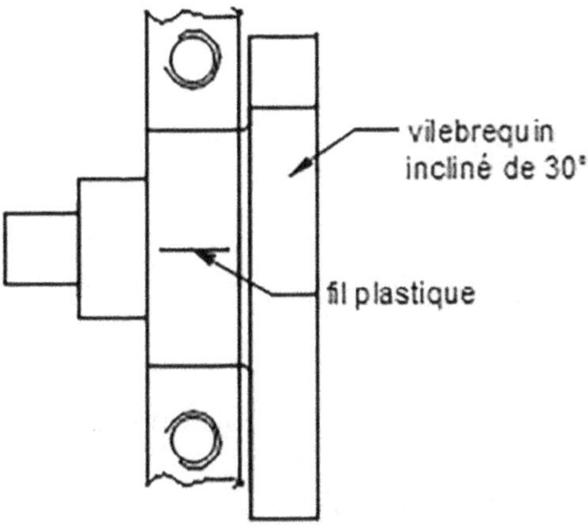

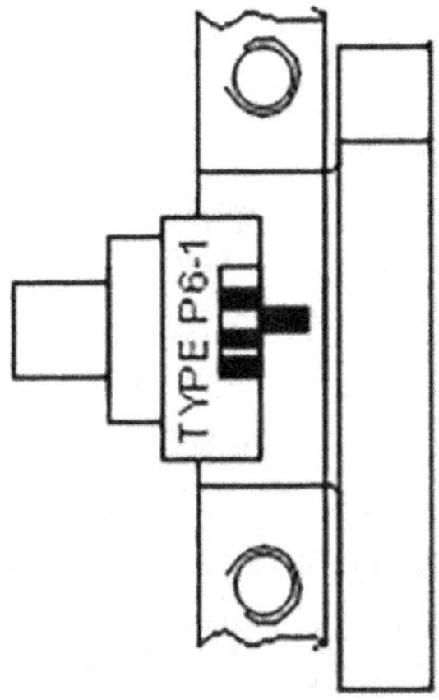

Plastigage Perfect circle

Jeu radial du vilebrequin

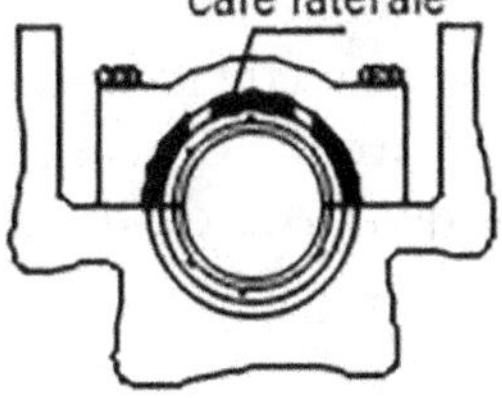

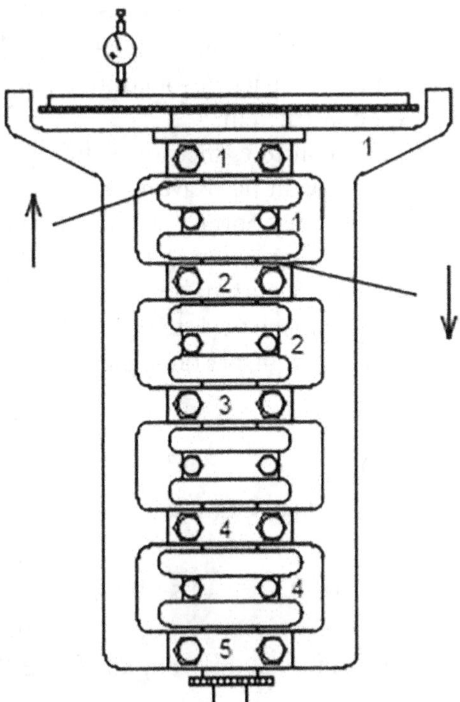

Contrôle des jeux de l'équipage mobile

Contrôle des jeux radiaux du vilebrequin et des bielles

But.

Vérifier le montage correct du vilebrequin et des bielles.

Opérations.

- Mettre en place les demi coussinets sur les bielles, les paliers, les chapeaux de bielle et de palier.
- Attention. Aux canalisations de graissage.
- Incliner le vilebrequin de 30°, bielle descendante.
- Placer à 5 mm du diamètre
- Tremper dans l'eau chaude le fil plastique.
- Sur chaque soie des tourillons et des manetons un fil plastique calibré de Perfect Circle®
- Mettre en place les chapeaux de paliers et de bielles.
- Les serrer au couple à l'aide d'une clef dynamométrique ou au serrage angulaire avec les vieilles vis.
- Déposer les chapeaux de bielle et de palier.
- Mesurer à l'aide de la jauge imprimée sur la pochette, la largeur du fil plastique écrasé. Elle indique le jeu existant entre la soie du vilebrequin et le coussinet.
- Attention ne pas se tromper d'unité de mesure. D'un coté de la pochette, l'unité est le millimètre, de l'autre le pouce « Inch ».
- La valeur du jeu de fonctionnement doit être comprise dans les tolérances du constructeur.
- Si les contrôles métriques du vilebrequin ont été réalisés correctement, il ne devrait pas y avoir de problème.
- Dans le cas contraire, vérifier le positionnement des chapeaux, du serrage des demi-coussinets.
- Vérifier l'épaisseur des coussinets, le vilebrequin peut être rectifié.
- Si l'anomalie persiste reprendre les cotes du vilebrequin.
- Enlever le fil plastique sur les soies du vilebrequin avec du diluant de nettoyage.

Tolérance.

Paliers et bielles - Ø > 60 mm :	mini =	8/10000	du	Ø en mm
	maxi =	15/10000	du	Ø en mm
Ø ≤ 60 mm :	mini =	3/10000	du	Ø en mm
	maxi =	12/10000	du	Ø en mm

Le jeu minimal doit toujours être ≥ 0,02 mm

Perfect circle.

- Pochette de couleur verte : jeu compris entre 0,0254 mm et 0,076 mm
- Pochette de couleur rouge : jeu compris entre 0,05 mm et 0,152 mm
- Pochette de couleur bleu : jeu compris entre 0,1 mm et 0,23 mm

Ces dimensions sont des conversions des valeurs originales en 1/10000 de pouce

Mise en place de l'équipage mobile.

1er CAS.

- Les têtes de bielle ne passent pas entre les bras et les masses d'équilibrage du vilebrequin.
- Mettre en place définitivement le vilebrequin.
- Attention aux canalisations de graissage et des orifices des coussinets.

2e CAS.

- Les têtes de bielle ne passent pas dans les chemises.
- Monter les pistons dans les chemises et introduire l'ensemble dans les fûts du bloc moteur.
- Attention brider les chemises pour éviter qu'elles ne se soulèvent pendant la rotation du vilebrequin.

3e CAS.

- Les têtes de bielle passent dans les cylindres et entre les bras du vilebrequin.
- S'assurer de la propreté des fûts du bloc moteur.
- Mettre du talc sur les joints d'embase de chemise.
- Monter les chemises dans les fûts du bloc moteur.
- Attention à l'ordre et au positionnement sur le bloc moteur.
- Brider les chemises sur le bloc
- Tiercer les segments sur les pistons.
- Huiler les segments et monter le collier à segment ; attention au sens du collier.
- Monter tous les pistons dans les cylindres.
- Poser les coussinets de palier et de bielle ; attention aux orifices de graissage.
- Huiler les coussinets de palier et de bielle
- Poser le vilebrequin.
- Monter les cales latérales ; attention au sens.
- Huiler le vilebrequin.
- Poser tous les chapeaux de palier et de bielle ; attention à leur sens.
- Approcher sans les bloquer les vis des chapeaux.
- Serrer au couple ou au serrage angulaire les vis des chapeaux.
- A chaque serrage d'un chapeau vérifier la rotation du vilebrequin.
- Il est normal que la résistance soit plus importante quand le maneton du vilebrequin est à 90° de l'axe du cylindre

Remarque : Attention à l'appariement des chemises, des pistons et de leur emplacement sur le bloc et le vilebrequin.

Montage des segments

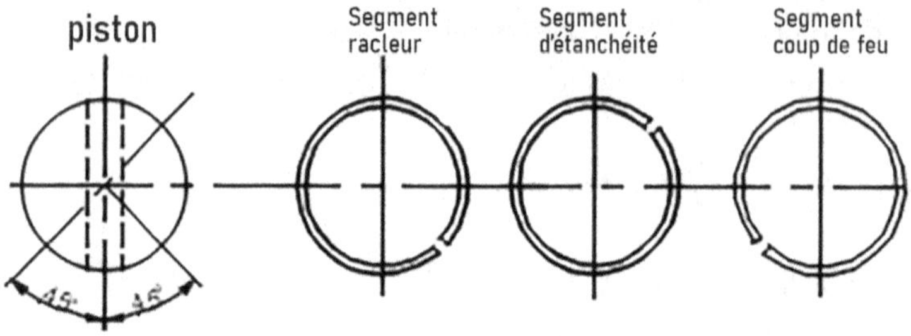

Segment racleur composite

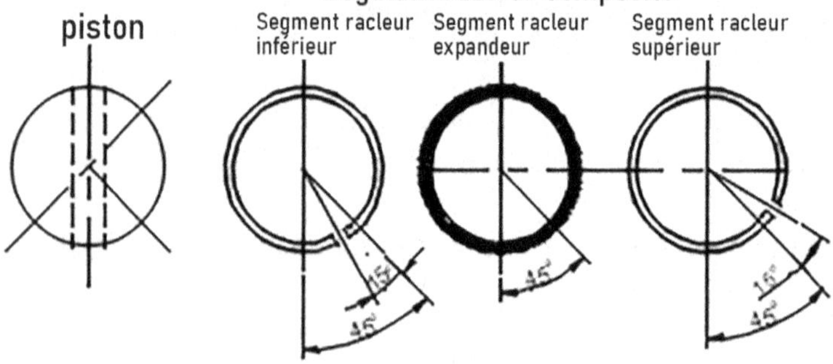

Netoyage des gorges de segment

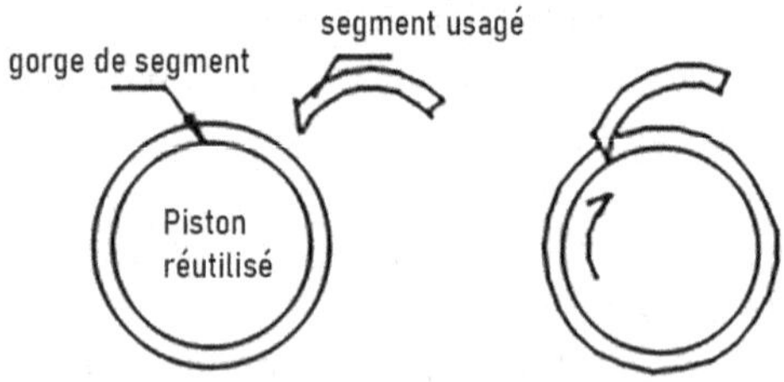

Montage avec une chemise usinée

La tête de bielle passe dans le cylindre

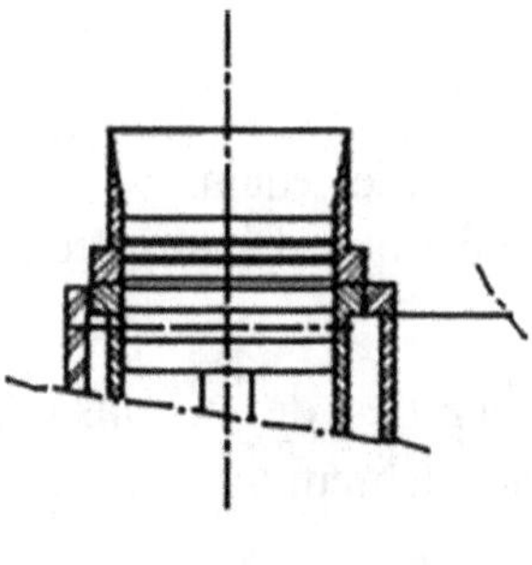

La tête de bielle ne passe pas dans le cylindre

Montage avec un collier à segments

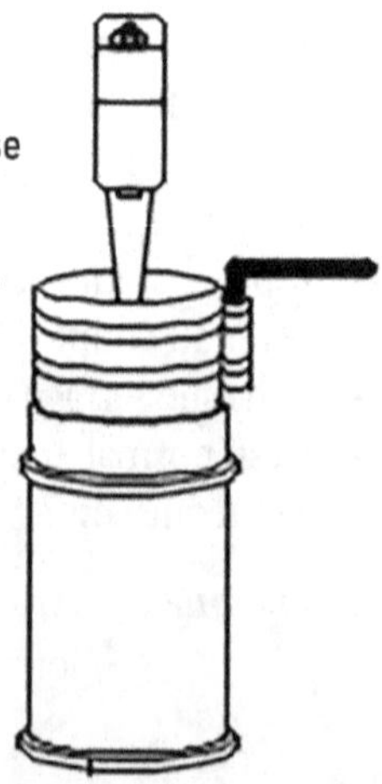

Contrôle de la hauteur du piston

But.

Déterminer l'épaisseur du joint de culasse pour les moteurs diesels légers.
Au **PMH** de chaque piston vérifier le retrait ou le dépassement de celui-ci.

Important.

- **Cette côte permet de déterminer l'épaisseur du joint de culasse.**

Contrôle du dépassement du piston

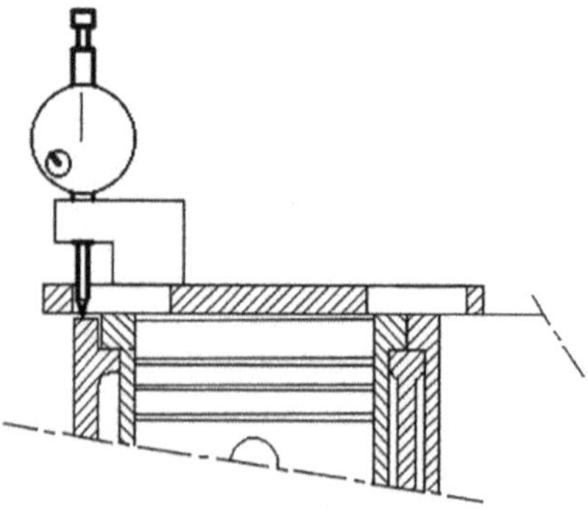

1

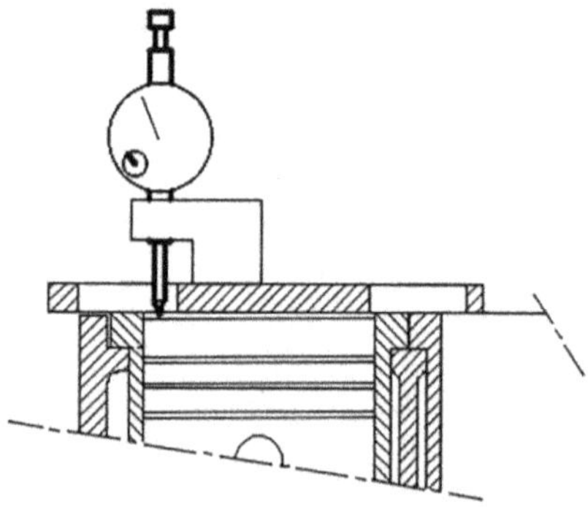

2

Échange d'une couronne de démarreur.

Attention.

Généralement les volants moteurs qui supportent les mécanismes d'embrayage à diaphragme n'ont pas d'épaulement pour arrêter la couronne. Pour mettre en place la nouvelle couronne à la même place, il est nécessaire de relever son positionnement par rapport à une face du volant et de confectionner des butées de montage avant la dépose de la couronne.

Dépose.

- Retournement de la couronne.
- Dans l'impossibilité de trouver une couronne neuve, il est possible de retourner la couronne.
- Déposer la couronne avec un jet en acier doux – (XC 20), en frappant régulièrement autour de la couronne pour ne pas la voiler.
- Si un chanfrein intérieur existe en faire un à la lime demi-ronde.
- Inutile de faire de nouvelle entrée de dent.

Échange de la couronne.

- Sur une enclume, Le volant vertical, avec un burin tranchant et un marteau, dans l'axe du volant, entre deux dents, asséner plusieurs coups de marteau.
- Cette opération à pour effet d'allonger la couronne et ainsi supprimer l'adhérence de la couronne sur le volant. La dépose s'effectuera sans endommager le volant.

Pose.

- Préparer le matériel.
- Un chalumeau oxyacéthylénique avec une buse de 1000 l/mn. Régler les manomètres : pour Oxygène = 2 bars, Acétylène = 0,4 bar.
- Deux paires de pinces universelles.
- Un marteau et un chasse en acier doux.
- Un rouleau de soudure à l'étain.
- Préparer le plan de travail.
- Positionner, au sol, le volant moteur sur des madriers de bois dur.
- Éventuellement positionner les gabarits de pose pour les volants équipés d'embrayage à diaphragme.

- Disposer à coté du volant, un seau rempli d'eau et une éponge.
- Sur le sol, confectionner un support de chauffe avec des briques réfractaires ou des morceaux de U et poser dessus la couronne dans le bon sens.
- Chauffer graduellement et régulièrement la couronne.
- Vérifier la température avec l'étain. Quand il forme la goutte la température d'environ 230 °C est atteinte.
- Rapidement et sans hésitation positionner la couronne sur le volant moteur.
- Refroidir en faisant couler l'eau dessus avec l'éponge. Attention de ne pas se brûler.
- Vérifier le positionnement de la couronne.
- Si elle n'est pas en place correctement, attendre le refroidissement et finir de la positionner avec le chasse et le marteau.

Pose du volant moteur

Attention.

Le volant moteur peut avoir une position sur le vilebrequin s'il comporte des repères de calage de l'allumage, pour le calage de la pompe à injection, une cible pour le capteur de **PMH**.

Pose

- Reposer le volant en face des repères fait au démontage.
- Dans le cas contraire mettre le piston du 1er cylindre au **PMH** et monter le vilebrequin de façon que le repère **PMH** du volant corresponde au repère du carter.
- Vérifier le voile du volant.

Recherche du Point Mort Haut - PMH

Culasse déposée

But.

Déterminer la position du PMH sur le volant moteur ou sur la poulie de vilebrequin. Cette position est importante pour les calages de distribution, de l'allumeur, de la pompe à injection.

- Rechercher le **PMH** avec un comparateur.
- Vérifier la coïncidence avec des repères.
- Sur certain moteur il est possible de déplacer une réglette pour ajuster les repères.

Pose de l'arbre à cames

Important.

. **Vérifier le jeu axial de l'arbre à cames.**
. **Généralement 0,1 mm.**

– Poser les poussoirs.
– Poser les tiges de culbuteurs.

Pose de la pompe à huile

Important.

. **Lui faire aspirer de l'huile propre par la crépine dans un récipient propre.**

– Poser le carter d'huile.

Pose de la culasse

Méthode.

- Nettoyer correctement les taraudages du bloc moteur, effet de vérin avec l'huile qui peut être dans les taraudages. Risque de fendre le bloc moteur.
- Nettoyer les vis et les écrous.
- Si serrage angulaire, changer les vis.
- Huiler légèrement les vis et les têtes de vis. (Suivant préconisation du constructeur).

Important.

- **Positionner les pistons au milieu de leur course pour un quatre cylindres, Pour un trois ou six cylindres aucun piston ne doit être au PMH.**
- **Sur une culasse à arbre à cames en tête, ACT, Les soupapes ouvertes risquent de toucher les pistons au PMH et détruire les soupapes ouvertes et les paliers d'arbre à cames.**
- **Nettoyer les plans de joint à l'acétone.**
- **Vérifier l'épaisseur du joint de culasse.**
- **Sortir au dernier moment le joint de culasse de sa protection.**

Important.

- **Si le plan de joint moteur ne vous semble pas satisfaisant, vous pouvez étaler sur le plan de joint un produit d'étanchéité par exemple de la « Loctite 510 ».**
- **Poser le joint de culasse dans le bon sens « top » coté culasse.**
- **Poser et centrer la culasse sans déplacer le joint.**
- **Utiliser si nécessaire des guides.**
- **Approcher sans serrer les vis ou les écrous munis de leur rondelle.**

Moteur mullticulasses.

- Poser toutes les culasses.
- Approcher toutes les vis sans les serrer.
- Monter la tubulure d'échappement et la serrer.
- Serrer toutes les culasses au même couple ou au même serrage angulaire.

Lien utile

http://www.loctite.fr/int_henkel/loctite_fr/index.cfm

Serrage de la culasse

Ordre de serrage. – **En l'absence de notice du constructeur.**
- Soit en spirale de l'intérieur vers l'extérieur.
- Soit en croix de l'intérieur vers l'extérieur, cette méthode est préférable à la première.

Serrage au couple.

- Effectuer un pré serrage à la moitié du couple définitif si celui-ci est inférieur à 70 N.m
- Effectuer deux prés serrage, un à 30 N.m, l'autre à la moitié du couple définitif si celui-ci est supérieur à 70 N.m
- Exemple : Couple définitif 230 N.m, pré serrage : 30 N.m, 110 N.m, 230 N.m
- Moteur Diesel.
- Pour chaque vis dans l'ordre de serrage, desserrer d'un quart de tour et resserrer au couple définitif.
- Effectuer ce serrage trois fois de suite.

Resserrage de la culasse.

Le serrage de la culasse au couple nécessite un resserrage culasse pour certain moteur, Indénor 88, 90, 94, à 50 km, puis à 1000 km pour d'autres à 1000 km seulement.

Serrage angulaire.

Le serrage angulaire est plus précis que le serrage au couple car il est indifférent à l'adhérence et à la friction de la vis dans le taraudage et à la friction de la tête de vis ou de l'écrou sur la culasse.

Attention : Respecter l'ordre de serrage, des couples de pré-serrage, et de l'ordre des serrages angulaires.

Le serrage angulaire ne nécessite pas un resserrage de la culasse. Les vis de culasse travaillent dans la limite d'élasticité. À chaque dépose de culasse ou de desserrage, il est nécessaire de vérifier l'allongement des vis et parfois l'échange est obligatoire pour une garantie de la tenue du joint de culasse.

Remarque : En usine, actuellement les serrages sont contrôlés électroniquement par des sondes à ultrasons qui perçoivent la fréquence de chaque vis. Ces fréquences sont analysées par un ordinateur qui commande les moteurs électriques des visseuses.

Attention : Ne pas respecter les directives du constructeur pour serrer une culasse peut amener des pannes graves, notamment sur les moteurs diesels suralimentés, fuites au joint de culasse, destruction des pistons.

Serrage de la culasse

Serrage culasse en spirale

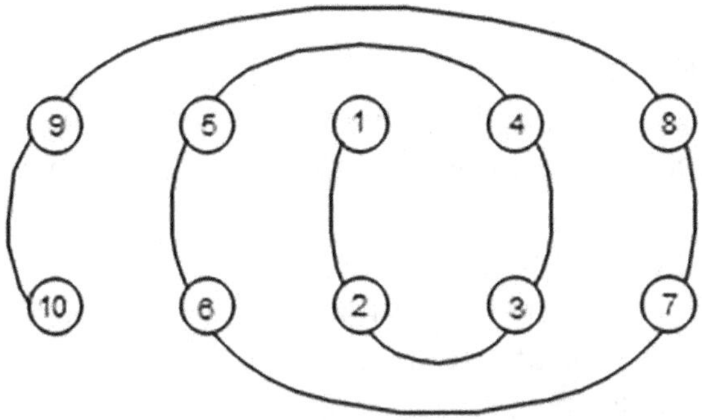

Serrage culasse en croix

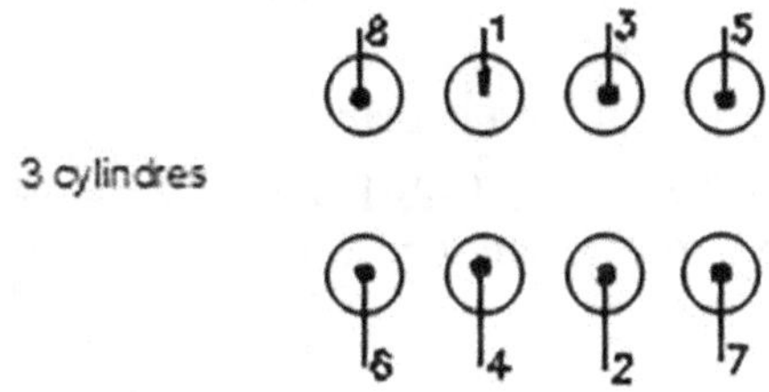

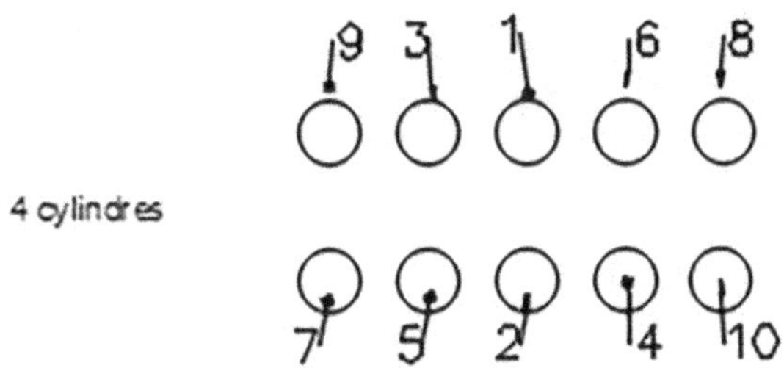

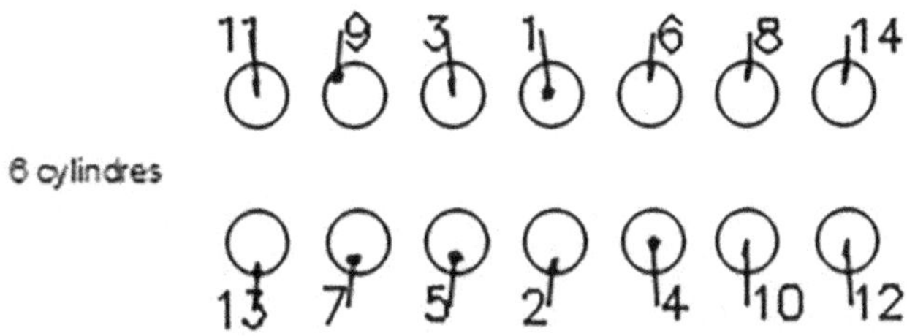

Calage de la distribution dit en balance ou bascule

Moteur à l'établi.

Caler la distribution aux repères vérifiés lors du démontage.

En l'absence de repères.

- Mettre les soupapes du premier cylindre en balance ou en bascule, fermeture de la soupape d'échappement et ouverture de la soupape d'admission.
- Positionner le piston au **PMH**,
- Positionner la pompe à injection sur l'injection du premier cylindre, voir les tuyaux haute pression.
- Rechercher les repères.
- Monter la courroie, la chaîne ou le pignon intermédiaire.
- Armer le tendeur.
- Vérifier le calage avec l'épure de distribution.

Attention : Tourner le moteur à la main.
Si le calage est défectueux, le moteur se bloquera. Les soupapes toucheront le piston sur beaucoup de moteurs.

Calage de la distribution avec l'épure de distribution

Impératif.

- Prendre connaissance de l'épure de distribution et de la valeur du jeu théorique aux soupapes.
- **AOA** – 6° - Avance Ouverture Admission avant le **PMH** (Point Mort Haut).
- **RFA** – 60° - Retard Fermeture Admission après le **PMB** (Point Mort Bas)
- **AOE** – 57° - Avance Ouverture Échappement avant le **PMB**.
- **RFE** – 9° - Retard Fermeture Échappement après le **PMH**.
- Jeu théorique = 1 mm.
- Voir technologie des pièces d'un moteur.

Caler la distribution avec la méthode dite en balance ou bascule au **PMH.**

Recherche du PMH avec précision.

Attention. Pour les moteurs équipés de culasse en toit ou hémisphérique cette méthode risque de voiler la soupape. Il est préférable de vérifier le **PMH** du piston du cylindre N°1 avant de poser la culasse.

- Mettre le cylindre N° 1 en balance.
- Revenir en arrière et ouvrir complètement la soupape d'échappement du cylindre N°1.
- Enlever le culbuteur de la soupape d'admission N°1.
- Tourner le vilebrequin jusqu'à la levée de la tige de culbuteur de la soupape d'admission du cylindre N°1.
- Déclaveter la soupape dont le culbuteur a été enlevé.
- Mettre un fil de fer dans la rainure de la queue de soupape pour éviter qu'elle ne tombe dans le cylindre lors de la rotation du moteur.
- Rechercher à l'œil le **PMH** par le mouvement de la soupape qui repose sur le piston.
- Positionner un comparateur au début de sa course sur la soupape déclavetée.
- Rechercher le **PMH** avec précision et faire un repère sur le volant moteur et sur le bloc moteur. Une baguette de soudure autour d'une vis fera l'affaire comme repère fixe.
- Reclaveter la soupape d'admission.

Calage de la distribution avec l'épure de distribution

(Suite)

Calage à l'Avance Ouverture Admission (AOA)

- Revenir en arrière et ouvrir complètement la soupape d'échappement du cylindre N°1.
- Monter le culbuteur de la soupape d'admission.
- Positionner le comparateur sur la coupelle de la soupape d'admission du 1er cylindre.
- Brider la soupape d'admission de 0,4 mm au maximum. Plus de 0,4 mm, la soupape risque de toucher le piston.
- Étalonner le comparateur à zéro à la fin de sa course. Ex 10 mm.
- Tourner le moteur dans son sens de rotation jusqu'à l'enfoncement du comparateur égale au jeu théorique, pour l'exemple 1 mm.
- Faire un repère **AOA** sur le volant moteur.
- Compter les dents du volant moteur entre l'**AOA** et le **PMH**.
- Convertir les dents en degré. 360°/Z dents = Degrés par dents.
- Vérifier avec l'**AOA** de l'épure.
- Si le calage est correct, régler les soupapes aux jeux de fonctionnement.

Tolérances.

Valeur d'une dent d'arbre à came. Ex. roue d'arbre à came 60 dents.
Une dent = 360/60 = 6° volant moteur.

Nota : Si la roue de distribution est clavetée sur l'arbre à came, la distribution est bien calée, on obtient le croisement des soupapes **AOA** – **RFE** au **PMH**

Si la roue à plusieurs positions sur l'arbre à came, il faut s'approcher le plus possible du calage théorique.
Vérifier le calage sur **RFE** après le **PMH**.

Recherche de l'ordre d'allumage ou de l'ordre d'injection

But.

Connaître l'ordre de fonctionnement des cylindres pour effectuer les réglages des soupapes, le calage de l'allumeur, le calage de la distribution, le calage de la pompe à injection.

Méthode.

- Numéroter les cylindres, voir *Technologie du vilebrequin.*
- Rechercher les soupapes d'admission **ADM** et les soupapes d'échappement **ECH**.
- Rechercher le sens de rotation du moteur par la balance des soupapes d'un même cylindre ; fermeture soupape **ECH** puis ouverture de la soupape **ADM**.
- Positionner les soupapes du cylindre N° 1 en balance.
- Rechercher les cylindres dont les soupapes **ECH** sont ouvertes.
- Tourner le vilebrequin dans le sens de rotation.
- Observer les soupapes **ECH** qui se ferment. Sur les V8 et V10, certaines soupapes **ECH** vont continuer à s'ouvrir et d'autres vont se fermer.
- Parmi ces cylindres le premier qui est en balance est le suivant de l'ordre d'allumage.
- Procéder de même pour les cylindres suivants ; rechercher les soupapes d'**ECH** en ouverture etc.

Attention : L'ordre d'allumage dépend de la numérotation des cylindres. Voir *Technologie vilebrequin.*

Tableau synoptique des positions des cylindres

ECH :échappement
ADM : admission
BAS : bascule des soupapes
DET : détente
⚡ : allumage

4 cylindres			
ECH	⚡	ADM	BAS
1	3	4	2
3	4	2	1
4	2	1	3
2	1	3	4

6 cylindres					
ECH	DET	⚡	COM	ADM	BAS
1	5	3	6	2	4
5	3	6	2	4	1
3	6	2	4	1	5
6	2	4	1	5	3
2	4	1	5	3	6
4	1	5	3	6	2

6 cylindres					
ECH	DET	⚡	COM	ADM	BAS
1	4	2	6	3	5
4	2	6	3	5	1
2	6	3	5	1	4
6	3	5	1	4	2
3	5	1	4	2	6
5	1	4	2	6	3

8 cylindres en Vé							
ECH	ECH	DET	⚡	COM	ADM	ADM	BAS
1	8	4	5	7	3	6	2
8	4	5	7	3	6	2	1
4	5	7	3	6	2	1	8
5	7	3	6	2	1	8	4
7	3	6	2	1	8	4	5
3	6	2	1	8	4	5	7
6	2	1	8	4	5	7	3
2	1	8	4	5	7	3	6

Réglage des culbuteurs

Moteurs 4 et 6 cylindres en ligne - Méthode en balance

But.

Permettre à chaud, une fermeture des soupapes malgré la dilatation des pièces de commande.

Important.

- **Absolument connaître l'ordre d'allumage qui correspond à la numérotation des cylindres. Dans le cas contraire, numéroter les cylindres et rechercher l'ordre d'allumage.**

Méthode.

- Tracer un tableau à trois colonnes.
- Dans la première colonne inscrire verticalement l'ordre d'allumage.
- Diviser en horizontale en deux parties égales cette colonne.
- Reporter la deuxième partie de la première colonne dans la première partie de la deuxième colonne.
- Reporter la première partie de la première colonne dans la deuxième partie de la deuxième colonne.
- Dans la troisième colonne faire la somme horizontale des deux autres colonnes.
- Pour un quatre cylindres, le résultat est 5 et 7 pour un six cylindres en lignes.

4 cylindres en ligne			
Ordre d'allumage	Mettre en balance les soupapes du cylindre N°	Régler les soupapes du cylindre N°	Total
⇩	1	4	5
	3	2	5
	4	1	5
	2	3	5
6 cylindres en ligne			
⇩	1	6	7
	5	2	7
	3	4	7
	6	1	7
	2	5	7
	4	3	7

Attention : Chez IVECO les derniers 6 cylindres ont un ordre d'allumage différent : 1-4-2-6-3-5

Réglage des culbuteurs

Mot. 6 et 8 cylindres en V Mercedes - Méthode en balance

But.

Permettre à chaud, une fermeture des soupapes malgré la dilatation des pièces de commande.

Attention : Chez Mercedes le cylindre N° 1 est à l'opposé du volant moteur et à gauche de l'observateur quand il regarde le ventilateur. **ADM** = 0,25 ; **ECH** = 0,35 – Serrage des écrous de rotule 25 N.m

Moteur 6 cylindres en V		
Ordre d'allumage	Mettre en balance les soupapes du cylindre N°	Régler les soupapes du cylindre N°
↓	1	5
	4	3
	2	6
	5	1
	3	4
	6	2
Moteur 8 cylindres en V		
↓	1	6
	5	3
	7	4
	2	8
	6	1
	3	5
	4	7
	8	2

Réglage des culbuteurs

Mot. 10 et 12 cylindres en V Mercedes - Méthode en balance

But.

Permettre à chaud, une fermeture des soupapes malgré la dilatation des pièces de commande.

Attention : Chez Mercedes le cylindre N° 1 est à l'opposé du volant moteur et à gauche de l'observateur quand il regarde le ventilateur. **ADM** = 0,25 ; **ECH** = 0,35 – Serrage des écrous de rotule 25 N.m

Moteur 10 cylindres en V		
Ordre d'allumage	Mettre en balance les soupapes du cylindre N°	Régler les soupapes du cylindre N°
↓	1	7
	6	3
	5	8
	10	4
	2	9
	7	1
	3	6
	8	5
	4	10
	9	2
Moteur 12 cylindres en V		
↓	1	6
	12	7
	5	2
	8	11
	3	4
	10	9
	6	1
	7	12
	2	5
	11	8
	4	3
	9	10

Réglage des culbuteurs

Mot. 4 cylindres en ligne, à plat, en V
Rotation du moteur au démarreur

But.

Permettre à chaud la fermeture des soupapes malgré la dilatation des pièces.

Avantages.

- Si on utilise le démarreur pour tourner le moteur, cette méthode est plus rapide et ne nécessite qu'un seul intervenant.
- Pas d'effort pour tourner le vilebrequin.
- Les poussoirs des soupapes à régler sont au dos de la came.

Important.

. **Absolument connaître ou reconnaître :**

- Les positions des soupapes **ECH** et **ADM**,
- La numérotation des cylindres.
- L'ordre d'allumage correspondant.

. **Le moteur doit avoir ses compressions.**

Méthode.

- Amener les soupapes d'échappement en pleine ouverture par des coups de démarreur.

Exemple moteur 4 cylindres en ligne – ordre d'allumage 1-3-4-2.

Ordre d'allumage	Mettre en pleine ouverture	Régler	
↓	Soupape d'**ECH** cylindre N°	Soupape **ADM** cylindre N°	Soupape **ECH** cylindre N°
	1	3	4
	3	4	2
	4	2	1
	2	1	3
Ordre d'allumage →			

Réglage des culbuteurs

Mot. 6 cylindres en ligne, à plat, en V
Rotation du moteur au démarreur

But.

Permettre à chaud la fermeture des soupapes malgré la dilatation des pièces.

Avantages.

- Si on utilise le démarreur pour tourner le moteur cette méthode est plus rapide et ne nécessite qu'un seul intervenant.
- Pas d'effort pour tourner le vilebrequin.
- Les poussoirs des soupapes à régler sont au dos de la came.

Important.

. **Absolument connaître ou reconnaître :**
- · Les positions des soupapes ECH et ADM,
- · La numérotation des cylindres.
- · L'ordre d'allumage correspondant.

. **Le moteur doit avoir ses compressions.**

Méthode.

- Amener les soupapes d'échappement en pleine ouverture par des coups de démarreur.

Exemple moteur 6 cylindres en V – ordre d'allumage 1-4-2-5-3-6, cylindre N° 1 opposé au volant moteur est à gauche en regardant le moteur du coté de la poulie.

Ordre d'allumage	Mettre en pleine ouverture	Régler		
	Soupape d'**ECH** cylindre N°	Soupape **ADM** cylindre N°	Ne pas toucher	Soupape **ECH** cylindre N°
⇩	1	4	2	5
	4	2	5	3
	2	5	3	6
	5	3	6	1
	3	6	1	4
	6	1	4	2
	Ordre d'allumage ⇨			

Réglage des culbuteurs

Mot. 8 cylindres en ligne, à plat, en V
Rotation du moteur au démarreur

But.

Permettre à chaud la fermeture des soupapes malgré la dilatation des pièces.

Avantages.

- Si on utilise le démarreur pour tourner le moteur cette méthode est plus rapide et ne nécessite qu'un seul intervenant.
- Pas d'effort pour tourner le vilebrequin.
- Les poussoirs des soupapes à régler sont au dos de la came.

Important.

. **Absolument connaître ou reconnaître :**
  · Les positions des soupapes **ECH** et **ADM**,
  · La numérotation des cylindres.
  · L'ordre d'allumage correspondant.

. **Le moteur doit avoir ses compressions.**

Méthode.

- Amener les soupapes d'échappement en pleine ouverture par des coups de démarreur.

Exemple moteur 8 cylindres en V – ordre d'allumage 1-5-7-2-6-3-4-8, cylindre N° 1 opposé au volant moteur est à gauche en regardant le moteur du coté de la poulie.

Ordre d'allumage	Mettre en pleine ouverture	Régler			
	La soupape **ECH** cylindre	Ne pas toucher	**ADM** cylindre N°	Ne pas toucher	**ECH** cylindre N°
	1	5	7	2	6
	5	7	2	6	3
⇩	7	2	6	3	4
	2	6	3	4	8
	6	3	4	8	1
	3	4	8	1	5
	4	8	1	5	7
	8	1	5	7	2
Ordre d'allumage ⇨					

Réglage du jeu des soupapes

Moteur à arbre à came en tête - Réglage par cale

But.

Permettre à chaud la fermeture des soupapes malgré la dilatation des pièces.

Méthode.

Le réglage se fait à l'établi. Il est possible de le faire sur le véhicule mais cette opération nécessite la dépose de l'arbre à cames.

Ligne 1	Opérateur	Ordre des soupapes	1er cyl.		2e cyl.		3e cyl.		4e cyl.	
			ECH	ADM	ECH	ADM	ECH	ADM	ECH	ADM
Ligne 2		Jeux relevés	10	25	15	30	20	40	5	45
Ligne 3	+	Épaisseur des cales existantes	300	275	260	310	380	290	250	210
Ligne 4	=	Somme	310	300	275	340	400	330	255	255
Ligne 5	–	Jeux NT	30	20	30	20	30	20	30	20
Ligne 6	=	Épaisseur des cales	280	280	245	320	370	310	22	235

- Tracer le tableau comme ci-dessus.
- Effecteur un montage à blanc et si possible avec les cales d'épaisseur minimale.
- Relever avec précision l'épaisseur des cales, pied à coulisse puis micromètre (palmer) et l'inscrire en ligne 3.
- À l'aide d'un jeu de cales, mesurer les jeux entre le poussoir et le dos de la came. Inscrire en ligne 2 la valeur relevée à chaque soupape.
- Ligne 4 du tableau faire la somme des valeurs des lignes 2 et 3.
- Ligne 5, inscrire la valeur du jeu donnée par le constructeur.
- Épaisseur des cales.
- Effectuer la soustraction de la ligne 5 à la ligne 4.
- Ligne -, inscrire chaque résultat dans la case correspondante.
- Mettre en place les cales calculées.
- Effectuer un contrôle des jeux.
- Reprendre le calage si nécessaire.

Pour les culasses dont les sièges ont été rectifiés, il est possible que la cale d'épaisseur minimale soit trop épaisse. Deux solutions sont possibles.
Soit rectifier avec une rectifieuse plane les cales à l'épaisseur voulue, soit diminuer de la valeur voulue la longueur de la queue de soupape en meulant le bout.
Mesurer au préalable la longueur de la soupape.

Réglage du jeu des soupapes
Moteur à arbre à came en tête
Réglage échange des poussoirs

But.

Permettre à chaud la fermeture des soupapes malgré la dilatation des pièces.

Méthode.

- Le réglage se fait à l'établi. Il est possible de le faire sur le véhicule mais cette opération nécessite la dépose de l'arbre à cames.
- Sur des moteurs récents il faut changer les poussoirs qui ont des hauteurs différentes pour régler le jeu aux soupapes. La méthode est identique que la méthode à réglage par cale.

Réglage des culbuteurs, autres méthodes, méthodes élémentaires

But.

Permettre à chaud la fermeture des soupapes malgré la dilatation des pièces.

Méthode.

Pour moteur mono cylindre.

- Mettre les soupapes en balance.
- Repérer la position sur le volant moteur ou sur la poulie.
- Faire un tour de vilebrequin
- Régler les soupapes.

Pour tous les moteurs

- Pour un même cylindre.
- Positionner la soupape d'échappement en pleine ouverture, régler la soupape d'admission.
- Positionner la soupape d'admission en pleine ouverture, régler la soupape d'échappement.
- Passer au cylindre suivant, soit en suivant l'ordre d'allumage, soit en suivant la numérotation des cylindres.
- Avec cette méthode il n'est pas nécessaire de connaître l'ordre d'allumage.

Réglage des culbuteurs en deux tours moteurs
Méthode Mercedes

But.

Permettre à chaud la fermeture des soupapes malgré la dilatation des pièces.

Attention : Chez Mercedes le cylindre N° 1 est à l'opposé du volant moteur et à gauche de l'observateur quand il regarde le ventilateur. **ADM** = 0,25 ; **ECH** = 0,35 – Serrage des écrous de rotule 25 N.m

Pour un moteur, **6** cylindres en V		
Mettre le cylindre 1 au **PMH** repère volant **OT**	Régler les soupapes **ADM**	Régler les soupapes **ECH**
Fin de Compression	1-3-6	1-2-4
Soupapes en balances	2-4-5	3-5-6

Pour un moteur, **8** cylindres en V		
Mettre le cylindre 1 au **PMH** repère volant **OT**	Régler les soupapes **ADM**	Régler les soupapes **ECH**
Fin de Compression	1-3-4-8	1-2-5-7
Soupapes en balances	2-5-6-7	3-4-6-8

Pour un moteur, **10** cylindres en V		
Mettre le cylindre 1 au **PMH** repère volant **OT**	Régler les soupapes **ADM**	Régler les soupapes **ECH**
Fin de Compression	1-4-8-9	1-2-5-6-9-10
Soupapes en balances	2-3-5-6-7-10	3-4-7-8

La bague ou le roulement guide dans le vilebrequin.

Rôle.

Guider l'arbre primaire de la boîte de vitesses.

Extraction.

Bague.

- Utiliser une bille d'acier suffisamment grande qui passe par la bague.
- Utiliser un taraud à bout plat, de diamètre suffisant pour tarauder la bague.
- En taraudant la bague, le taraud vient en appui sur la bille et extrait la bague.

Roulement.

- Remplir la cavité derrière le roulement de mie de pain fraîche malaxée.
- Avec un mandrin d'un diamètre égal au diamètre intérieur du roulement, pousser la mie en frappant, à l'aide d'un marteau sur le mandrin. La mie de pain se comporte comme un fluide visqueux qui repousse par effet de vérin le roulement.

Montage.

Bague.

- Avec un mandrin aux côtes de la bague, enfoncer la bague dans son alésage.
- Lubrifier légèrement avec de la graisse graphitée type "Molykote®".

Roulement

- Avec un mandrin qui ne repose que sur la bague extérieure du roulement, mettre en place le roulement.

Repose du moteur

Méthode.

Procéder à l'inverse de la dépose.

Attention : Au passage des conducteurs, des câbles, des durits. Pas de friction avec un autre organe et notamment les conduits d'échappement.

Réglage de la garde d'embrayage

But.

Éviter que le mécanisme soit comprimé et laisse patiner le disque d'embrayage.

Réglage.

Embrayage commandé par une tringle ou un câble.

- La pédale n'a pas de course vers le haut.
- Jeu de garde à la pédale 10 mm
- La pédale a une course vers le haut, elle remonte sous la planche de bord.
- Régler la hauteur de la pédale d'embrayage à la hauteur de la pédale de frein.

Embrayage commandé par un circuit hydraulique.

- Purger la commande.
- Il n'y a pas de réglage de garde d'embrayage.

Poids Lourds.

- Consulter la notice technique du constructeur.

Commande oléopneumatique

- Embrayage poussé.
- En principe il n'y a pas de garde mais une course négative de 35 mm pour certaine commande.
- Embrayage tiré.
- Pas de garde.

. **ATTENTION : sur certains véhicules un préréglage est nécessaire.**

Le thermostat

Rôle.

Maintenir une température minimale dans le moteur.

La croyance veut que le thermostat limite la température maximale, c'est faux.

Modèles.

À deux voies. Le thermostat ferme le circuit d'eau à la sortie du moteur et l'empêche de circuler dans le radiateur.

À trois voies. Le thermostat laisse circuler le liquide de refroidissement dans le moteur tant que sa température d'ouverture n'est pas atteinte. Une fois atteinte il ferme le recyclage moteur et envoie le liquide vers le radiateur. Ce système évite les points chauds dans le moteur.

Contrôle.

- Sur un réchaud, électrique de préférence, dans un récipient faire baigner dans de l'eau le thermostat, la soupape en haut.
- Avec un thermomètre mesurer la température du liquide.
- À l'ouverture de la soupape contrôler la température.

Important

. **Un thermostat se change tous les trois ans – Il est possible de monter des thermostats qui ont une fonction « sécurité ». Ils restent ouverts en cas de panne.**

Le thermocontact du ventilateur électrique

Rôle.

Dès que le liquide de refroidissement atteint sa température maximale, il met le contact électrique du ventilateur électrique.

Contrôle.

- Connecter sur les thermocontacts un ohmmètre.
- Sur un réchaud, électrique de préférence, dans un récipient faire baigner dans de l'eau le thermocontact.
- Avec un thermomètre mesurer la température du liquide.
- Quand l'ohmmètre sonne ou indique Zéro, le thermocontact est fermé.
- Lire la température sur le thermomètre.
- Vérifier avec la température qui est inscrite sur le thermocontact.
- Sur les moteurs actuels la température maximale peut dépasser les 100°C. Saler l'eau pour augmenter sa température d'ébullition.

La pompe à eau

Rôle.

Accélère le passage du liquide de refroidissement dans le moteur et le radiateur.

Contrôle.

- La pompe doit-être sans jeu et offrir une légère résistance à la rotation due à la friction du joint tournant.
- Pour un moteur rénové il vaut mieux prévoir son échange voir échange réparation.

Le radiateur

Rôle.

Maintien la température du liquide de refroidissement entre la température mini et maxi.

Contrôle.

Vérifier le nid d'abeille. Il ne doit pas avoir de déformation.
Contrôler les tubes à l'intérieur.

Dans le doute le donner à nettoyer.

Le bouchon de la boîte de dégazage

Rôle.

Maintenir une pression dans le circuit de refroidissement supérieur à un bar. Certains circuits peuvent atteindre une pression de pressurisation de quatre bars.

Contrôle.

– Utiliser un appareil spécifique pour contrôler le bouchon.
– Le « radiateuriste », celui qui répare les radiateurs, peut faire le contrôle.

Important.

. **Un bouchon défectueux peut entraîner la destruction du moteur. La température d'ébullition sera trop basse.**
. **Exemple : 98°C au lieu de 110°C**

Attention : Un clapet de pressurisation ou bouchon de boîte de dégazage se change tous les TROIS ans.

Relais et ventilateurs électriques

Rôle.

Forcer le passage de l'air à travers le radiateur quand le liquide de refroidissement atteint la température maximale de fonctionnement.
Il se met en route quand le véhicule est à basse vitesse.

Contrôle.

Avant la déconnexion de la batterie, connecter les deux fils du thermocontat ; le ventilateur doit se mettre en fonctionnement.

Des montages plus complexes ventilateur à deux vitesses avec trois relais ou deux ventilateurs avec trois relais. Le thermocontact comprend trois bornes. Rechercher le conducteur commun et le shunter avec un autre. Le ou les ventilateurs doivent tourner à des vitesses différentes.

Dépanner le circuit avant de poursuivre le montage du moteur.

Le filtre à huile

Rôle :

Retenir les impuretés contenues dans l'huile
Refroidir l'huile.

Filtre *Easy change – Changement facile* en français

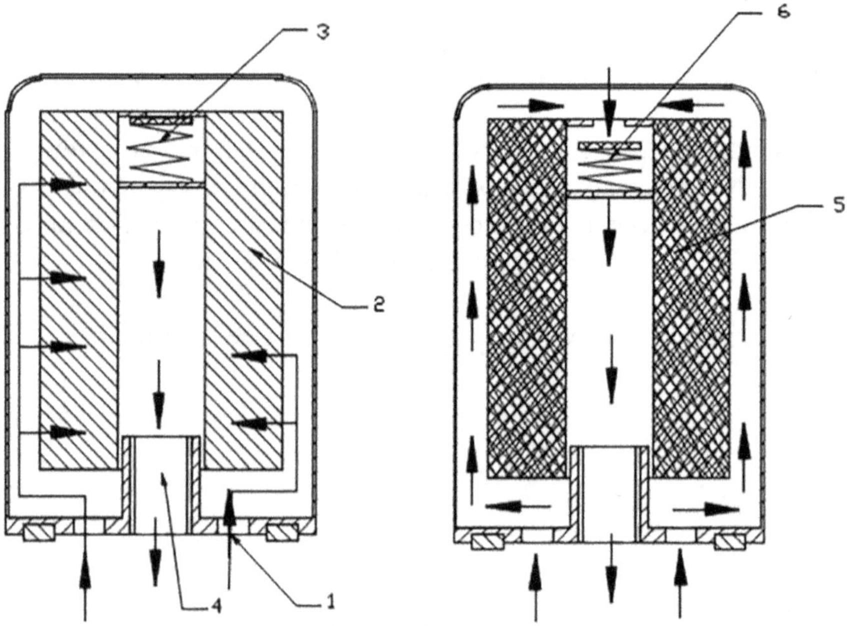

1 - Entrée de l'huile polluée
2 - Élément filtrant
3 - Clapet by-pass fermé
4 - Sortie de l'huile filtrée
5 - Élément filtrant colmaté
6 - Clapet by-pass ouvert

1	Manchon fileté - **Attention :** 2 modèles ¾ de pouce et 20 mm
2	Joint
3	Coupelle anti-retour
4	Clapet by-pass
5	Membrane

Dans le doute monter un filtre avec by-pass

Rôle du by-pass

Lorsque le filtre est colmaté l'huile passe par le by-pass et le moteur est toujours lubrifié.
Sur certains moteurs, quand le filtre est colmaté, le voyant de pression d'huile s'allume au tableau de bord.
Toujours monter un filtre à huile préconisé par le constructeur.

Lien utile : https://www.purflux.com/fr/index.html

Les huiles de graissage

Rôle

Lubrifier les pièces en mouvement
Transporter les impuretés
Refroidir les pièces en mouvement notamment les pistons
Éviter l'oxydation des pièces du moteur.

Désignation

Viscosité

Exemple : 15W40 norme SAE (Society of Automotive Engineers)
15W = viscosité mesurée à 0°F - moins18° C
W = *Winter* en français Hiver
40 = viscosité mesurée à 200° F – 98°C

Plus le nombre est élevé plus la viscosité de l'huile est élevée et l'écoulement de celle-ci est difficile

Cette huile est une huile multigrade.

Pourquoi le nombre de la viscosité est plus élevé à chaud qu'à froid ?

Parce que l'unité de mesure de la viscosité n'est pas la même.
À froid la viscosité est mesurée en CENTIPOISE
Alors qu'à chaud elle est mesurée en en CENTISTOKE
1 poise = 0,1 Pascal x seconde (viscosité dynamique)
1 centistoke = 1 mm²/seconde (viscosité cinématique)

Lien utile : https://www.flottweg.com/fr/wiki/separation-technology/viscosite-dynamique/#:~:text=Viscosit%C3%A9%20dynamique%20(coefficient%20de%20frottement,faible%2C%20plus%20il%20est%20fluide.

Classification API des huiles moteurs

API : American Petroleum Institute (Constructeurs Américains)

	Huiles pour moteurs à essence
SA	Huiles normales pour moteurs, sans effet 'HD' qui ne convient plus pour les moteurs modernes
SB	Comme SA mais avec des agents actifs contre l'usure, le vieillissement de l'huile et la corrosion. Connue depuis 1930 environ, appelées 'huiles Prémium'
SC	Huiles pour moteurs avec agents actifs supplémentaires, comparées à la catégorie SB, contre la formation de boues à froid et la carbonisation de l'huile ; correspond à la spécification Ford M2C-101-A (1964 – 1967)
SD	Huiles pour moteurs répondant aux exigences accrues depuis 1968 selon les spécifications Ford M2C-101-B et GM 6041 M, recouvrant les SB et SC
SE	Huiles pour moteurs répondant aux exigences posées pour les moteurs à essence par l'industrie automobile depuis 1971-1972, circulation 'Stop and Go' répondant aux spécifications Ford M2C-101-C et MIL-L-46 152
SF	Huiles pour moteurs avec stabilité accrue à l'égard de l'oxydation et protection améliorée contre l'usure. Répondent aux exigences des fabricants de moteurs à partir des modèles de l'année 1980
SN plus	Actuel (2018)
	Huiles pour moteurs Diesels
CA	Huiles pour moteur n'exigeant que de faibles efforts et pour carburants teneur en soufre de 0,95 %. Correspondant à MIL-L-2 104 A
CB	Huiles pour moteur répondant aux exigences moyennes a partir d'une teneur en soufre de 0,95 %. Correspondant au 'supplément 1' ainsi qu'à la spécification DEF-2 101 D
CC	Huiles pour moteur pour efforts sévères, répondant à la spécification MIL-L-2 104 B, répondant aux tests Carterpillar 1-H
CD	Huiles pour moteurs pour efforts extrêmement sévères,, particulièrement dans les moteurs Diesel à suralimentation, répondant aux tests Carterpillar 1-G, conformément à la spécification MIL-L-2 104 C ou l'ancienne MIL-L-45-199-B ainsi qu'à la série 3
CJ	Actuel (2018)

Norme européenne ACEA

Comité des Constructeurs du Marché Commun

Signification des normes ACEA

ACEA – A : Moteur essence
ACEA – B : Moteur Diesel
ACEA - C : moteur avec un système de dépollution complexe.
ACEA – E : Diesel utilitaire

Le nombre qui suit indique la qualité de l'huile de 1 à 5. Il évolue avec le temps et les normes antipollution

exemple ! ACEA – C5 0W20 pour véhicule dépollués à la norme EURO 6

Si vous avez un doute sur l'huile à employer pour lubrifier votre moteur, consultez le manuel d'entretien de votre véhicule ou contactez le service commercial d'un pétrolier.
Il existe des huiles spécifiques pour les véhicules de collection
ATTENTION : pour les moteurs équipés de filtres à particules sur l'échappement, il faut utiliser des huiles spécifiques notamment les huiles de synthèse (ACEA – C5)
LIENS UTILES :
https://www.dllub.com/fr/content/38-classifications-des-huiles-acea-api
https://www.yacco.com/fr/quelle-huile-pour-mon-vehicule
https://www.hafa.fr/actualites/lubrifiant-moteur-synthetique-norme-acea-c3-hafa/

Mise en huile

Attention : Pour le filtre à huile, sur les modèles anciens il existe deux types de taraudage : ¾ de pouce avec 19 filets au pouce et 20 mm au pas métrique.
Le serrage de la vis du filtre centrifuge sur Renault Véhicule Industriel se serre à 20 N.m

Méthode.

- Changer les joints des bouchons de vidange si cela n'a pas déjà été fait.
- Serrer au couple les bouchons de vidange.
- Choisir une huile en fonction du moteur, essence ou diesel, de son utilisation, atmosphérique ou suralimenté ; de son utilisation, cycle urbain, autoroute, chantier.
- Montage des filtres.
- Remplir les filtres avec de l'huile propre.
- Amener le filtre en contact.
- Serrer de trois quart de tour.
- Purger le circuit d'alimentation pour les moteurs diesels.
- Mettre le fil haute tension de la bobine à la masse pour les moteurs essences.

À l'exception des moteurs diesels équipés du système « common rail »

- Déposer les injecteurs ou les bougies.
- Entraîner le moteur au démarreur par période de 5 secondes, levier d'accélérateur au maximum.
- Actionner le démarreur jusqu'à l'extinction du voyant de pression d'huile.
- Vérifier la purge haute pression de la pompe à injection.
- Reposer les injecteurs et les bougies.
- Remplir le circuit de refroidissement.
- Préchauffer pour les moteurs à injection indirecte.
- Accélérateur à moitié, mettre en marche.
- Vérifier l'extinction des voyants.
- Passer au ralenti.
- Arrêter le moteur
- Vérifier les niveaux après quelques minutes.

Remplissage et purge du circuit de refroidissement

Avec boîte de dégazage

But.

Remplir le circuit de refroidissement sans poche d'air.

NE JAMAIS.

- Ne jamais ouvrir le bouchon de la boîte de dégazage quand le moteur est chaud

Risque important de brûlures.

- Remplir un moteur chaud 80° C avec un liquide froid.
- Ouvrir un radiateur avant d'ouvrir le bouchon de la boîte de dégazage.
- Ne jamais faire tourner le moteur sans le clapet de pressurisation et le bouchon de la boîte de dégazage

Purge.

Les moteurs actuels se purgent sans problème.

- Ouvrir la vanne de chauffage.
- Faire le plein lentement jusqu'au niveau maxi.
- Attendre que le moteur et le radiateur soient dégazés.
- Mettre le bouchon et le serrer correctement.
- Mettre le moteur en fonctionnement.
- Attendre que le ventilateur s'enclenche deux fois.
- Faire le niveau deux heures après l'arrêt du moteur capot ouvert.

Remplissage et purge du circuit de refroidissement

Avec vase d'expansion

But.

Remplir le circuit de refroidissement sans poche d'air.

Méthode.

- Ouvrir la vanne de chauffage.
- Remplir le radiateur. Fermer le radiateur.
- Suspendre au capot le vase d'expansion.
- Remplir le vase au maxi.
- Ouvrir les purgeurs. Laisser s'échapper l'air.
- Fermer les purgeurs.
- Déconnecter la durit la plus haute sur le moteur. Laisser s'échapper l'air.
- Reconnecter la durit.
- Remplir le vase jusqu'au maxi.
- Fermer le vase par son bouchon.
- Le mettre en place.
- Mettre le moteur en fonctionnement.
- Attendre que le ventilateur s'enclenche deux fois.
- Faire le niveau deux heures après l'arrêt du moteur capot ouvert.

Rodage du moteur

But.

Vérifier le bon fonctionnement du moteur.

Méthode.

- Surveiller la température du moteur et la pression d'huile.
- Surveiller la température d'enclenchement du ventilateur électrique.
- Mettre en route le moteur.
- Maintenir le régime à 2000 t/mn pendant cinq minutes.
- Passer au ralenti.
- Vérifier la pression d'huile et la température du moteur.
- Rechercher les fuites d'huile, de carburant, de liquide de refroidissement.
- Maintenir le régime à 2000 t/mn, maximal pour les moteurs industriels. Pendant dix minutes.
- Surveiller la température du moteur et la pression d'huile.
- Surveiller la température d'enclenchement du ventilateur électrique.
- Passer au ralenti cinq minutes.
- Rechercher les fuites d'huile, de carburant, de liquide de refroidissement.
- Effectuer plusieurs fois la procédure de 2000 t/mn jusqu'à l'enclenchement du ventilateur électrique.
- Laisser refroidir le moteur pendant deux heures, capot ouvert.
- Si nécessaire, faire les niveaux d'huile et de liquide de refroidissement.
- Pratiquer un essai sur route d'une heure minimum.
- Rechercher les fuites d'huile, de carburant, de liquide de refroidissement.

Ventilateur à moyeu hydraulique

But.

Accélère le passage de l'air dans le radiateur quand le véhicule est à basse vitesse ou à l'arrêt.

Avantage.

Ce système est autonome et n'a pas besoin de circuit électrique pour fonctionner ce qui limite les pannes.

Fonctionnement.

Un bilame qui est soumis à l'air qui passe au travers du radiateur ouvre un clapet qui laisse passer l'huile du réservoir à la chambre de travail. Le ventilateur est embrayé.

Contrôle.

– Il est nécessaire de posséder un tachymètre à cellule photoélectrique.
– Faire un repère sur le corps du ventilateur.
– Faire un repère sur l'arbre d'entraînement.

À froid, moteur accéléré au régime du couple moteur.

· Le régime du ventilateur doit être inférieur au régime de l'arbre d'entraînement.
· On peut freiner avec un carton le ventilateur.

À chaud, moteur accéléré au régime du couple moteur.

· Pour faire chauffer le moteur, prendre un carton de la dimension du radiateur et faire un trou circulaire en face du ventilateur et du diamètre du moyeu.
· Mesurer la vitesse de rotation du ventilateur et la vitesse de l'arbre d'entraînement.
· Le glissement ne doit pas être supérieur à 10 %.de la vitesse de l'arbre d'entraînement.
· Le ventilateur ne peut pas être freiné avec un carton.
· Dans le doute remplacer le ventilateur.

Rappel.

Ne jamais coucher un ventilateur à moyeu hydraulique.

Tolérances d'usure à défaut de notice technique du constructeur

Arbre à cames.

Conicité, ovalisation des tourillons. ≤ 0,02 mm
Flèche ≤ 0,05 mm pour une ovalisation maxi de 0,02 mm
Levée de came A – B
Vrillage pour 4 ou 6 cylindres en ligne.

Axe de piston

Jeu de bielle, axe (pour pied de bielle bagué)
Jeu piston, axe ≤ 0,02 mm

Bielle.

Vrillage : $^{9}/_{10000}$ de la longueur de l'axe de piston.
Flambage : $^{6}/_{10000}$ de la longueur de l'axe de piston.
Poids : ≠ maxi 3 grammes. Peser la tête et le pied séparément.

Bloc moteur.

Planéité du plan de joint de culasse ≠ maxi 0,05 mm
La coaxialité de la ligne d'arbre du vilebrequin, à défaut la planéité du plan de joint de carter inférieur ≠ maxi 0,02 mm

Chaîne de distribution – tendeur.

Distance entre le corps du tendeur et le patin ≤ 5 mm

Chemise, piston, bielle.

Jeu chemise – piston, en trois points sur la hauteur de la chemise.
DIESEL = $^{15}/_{10000}$ du diamètre en mm
ESSENCE = $^{10}/_{10000}$ du diamètre en mm.

Piston.

Pénétration de la cale pour des segments neufs dans les gorges.
0,15 mm pour une pénétration de 1,5 mm.
Segment racleur. Glissement gras et sans jeu du segment racleur dans la gorge du segment.

Segments.

Jeu à la coupe. À vérifier à la base du cylindre. $^{3}/_{1000}$ du Ø du cylindre en mm.
Pour les segments trapézoïdaux, insérer le segment monté sur le piston dans le cylindre.

Culasse.

Planéité : ≤ 2/10000 de la longueur de la culasse en mm
Hauteur : voir tolérance du constructeur NT.
Volume des chambres de combustion.
Différence des volumes entre la chambre la plus grande et la plus petite.
MOTEUR ESSENCE : 10/100 du volume indiqué par le constructeur.
MOTEUR DIESEL : 2/100 du volume indiqué par le constructeur.
Aucune chambre ne doit être inférieure au volume mini indiqué par le constructeur.

Culbuteurs.

Jeux sur les axes de culbuteur ≤ 1/10 mm.

Guide de soupape.

Avec une soupape NEUVE par basculement, méthode Volkswagen.
Jeu maxi 1/100 de la longueur en mm de la soupape.

Pompe à huile.

Jeu entre les pignons ou entre les deux rotors ≤ 1/10 mm
Espace entre les pignons ou les rotors et le couvercle ≤ 1/10 mm.

Poussoir.

Diamètre, hauteur,
Ovalisation et conicité ≤ 0,02 mm

Ressort de soupape.

± 10 % des longueurs pour une charge donnée.
Perpendicularité ≤ 4 % de la longueur du ressort en mm.

Vilebrequin.

Usure ≤ 0,02 mm
Flèche ≤ 0,05 mm pour une ovalisation maximale de 0,02 mm.

Volant moteur.

Voile maxi : 2/10000 par mm du diamètre moyen de la piste.
Cote A

Jeu de fonctionnement

en l'absence de *Notice Technique* du constructeur.

Montage des chemises.

À dilatation comprimée, réglable.

- Sur une même chemise, différence du dépassement en trois points à 120°, ≠ entre mini et maxi 0,02 mm
- Dépassement du bloc généralement compris en 0,08 et 0,14 mm.
- « Désaffleurement » entre chemises contiguës ≠ maxi 0,03 mm

À dilatation comprimée non réglable et pendue.

- Sur une même chemise, différence du dépassement en trois points à 120°, ≠ entre mini et maxi 0,02 mm
- Dépassement du bloc généralement compris
    - Chemise pendue : de 0,02 et 0,10 mm.
    - Chemise comprimée : de 0,08 et 0,14 mm.

Contrôle du serrage des demi-coussinets.

- Serrer au couple les chapeaux de vis de palier ou de bielle.
- Desserrer une vis les vis d'un même côté.
- Une cale de 0,05 mm doit s'insérer entre le chapeau et le bloc ou le chapeau et la bielle.

Contrôle et réglage du jeu axial ou latéral du vilebrequin.

- Généralement compris entre 0,2 mm et 0,4 mm.

Contrôle des jeux radiaux du vilebrequin et des bielles.

- Ø > 60 mm : mini = 1/1000 du Ø en mm
- Maxi = 15/10000 Ø en mm.
- Ø ≤ 60 mm : mini = 5/10000 du Ø en mm
  Maxi = 12/10000 Ø en mm.
- Le jeu doit être plus grand ou égale à 0,02 mm.

Contrôle du « désaffleurement » du piston.

- Le dépassement ou le retrait du piston détermine l'épaisseur du joint de culasse.
- Si l'on ne change pas les pistons, garder la même épaisseur du joint de culasse.

Jeu des culbuteurs.

– Essence, cylindrée unitaire ≤ 500 cm^3 : **ECH** : 0,30 mm : **ADM** : 0,20 mm
– Diesel, cylindrée unitaire ≤ 1000 cm^3 : **ECH** : 0,30 mm : **ADM** : 0,30 mm
– Diesel, cylindrée unitaire >1000 cm^3 : **ECH** : 0,70 mm : **ADM** : 0,40 mm

Écartement des rupteurs et avance à l'allumage.

– Écartement des rupteurs quelque soit le nombre de cylindres : 0,4 mm
– Avance minimale statique à l'allumage : 2°

Avance initiale à l'injection.

– Repérer la position de la pompe avant sa dépose.

Tarage injecteur.

– Injection directe : 190 bars à 220 bars. Attention après 1990 le tarage peut aller jusqu'à 300 bars et plus.
– Injection indirecte : 100 bars à 120 bars.

Réglage ralenti.

– Moteur diesel équipé d'une pompe à injection ou moteur essence équipé d'un carburateur et allumage à rupteurs.
– Moteur neuf 1000 t/mn.
– Moteur rodé 900 t/mn.
– Moteur diesel. Trouvé un ralenti agréable, qui ne fait pas vibrer le véhicule. (Observer le rétroviseur)
– Pour les véhicules spéciaux consulter la notice du constructeur.

Fiches de CONTRÔLE

Batterie		Niveau			A mettre en charge
Radiateur d'huile		Étanchéité Colmatage			A faire nettoyer
Radiateur		Étanchéité Colmatage			A faire nettoyer
Silentbloc radiateur		État Taraudage Filetage			
Silentbloc moteur		État Taraudage Filetage			
Thermostat	Fonctionnement		Voir NT constructeur pour la température d'ouverture.	Réchaud Thermomètre	A Changer tous les 2 ans
Démarreur		Balais - Bagues			A vérifier
Alternateur		Balais - roulements			
Durits		Craquelures Gonflement			A vérifier
Colliers durits		Oxydation Fonctionnement			A vérifier
Courroies		Craquelures gonflement			A vérifier
Pompe à eau		Roulement Étanchéité			A vérifier
Filtre à huile		A remplacer			
Filtre à eau Cartouche de Zinc		A remplacer			

Filtre à air		A remplacer			
Carter d'huile		Déformation État du plan de joint État du filetage du bouchon État du fond			Remplacer le bouchon Remplacer le joint Serrer le bouchon au couple
Carter de distribution		Taraudage Filetage Patte de fixation			
Carter palier arrière		Taraudage Filetage Patte de fixation			
Vis de palier		État Serrage angulaire	Voir NT constructeur		À changer
Vis de chapeau de bielle		État Serrage angulaire	Voir NT constructeur		À changer
Vis de culasse		État Serrage angulaire Taraudage Filetage	Voir NT constructeur		À changer
Joint de culasse – Épaisseur	Suivant retrait du piston				À changer
Axe de culbuteurs		Rayures Filtre			
Coupelle et clavettes de soupapes	Avec une soupape neuve	Les ½ clavettes ne doivent pas se toucher			
Soupape		État du clavetage État de la portée			

Bloc moteur		Taraudage Filetage Plan de joint Trou de graissage. Pastille de dessablage Palier de ligne d'arbre Portée des cales latérales Palier de l'arbre à cames Gicleurs d'huile	Planéité du plan de joint de culasse $\leq 2/10000$ de la longueur Planéité du plan de joint de carter d'huile $\leq 0{,}02$ Si plus important faire vérifier la ligne d'arbre		
Culasse		Taraudage Filetage Chambre de turbulence Siège de soupape Palier de l'arbre à cames Pastille de dessablage	Hauteur de la culasse Voile $\leq 2/10000$ de la longueur Retrait des soupapes Mise à l'épreuve sous pression	Pied à coulisse Règle et jeu de cales	Repérer par un R visible les culasses rectifiées ATTENTION Pour rectification voir notice du constructeur. Atelier spécialisé
Guide de soupape	Par basculement (Méthode WV) Avec soupape neuve		Jeu $\leq 1/100$ de la longueur de la soupape		
Siège de soupape		Craquelure, rayures, fissures,	Largeur du siège : admission maxi 1 mm échappement mini 2 mm Angle : Dégagement intérieur 75° ou 60° Dégagement supérieur 15° Portée admission 46° ou 31° Portée échappement 46°	Réglet Fraise ou soupape neuve	Atelier spécialisé

Culbuteur		Marteau Alésage Système de réglage	Jeu sur l'axe $\leq 0{,}1$		
Ressort de soupape		Point de rouille	Longueur à vide Équerrage $\neq$ de $3/100$ de la longueur à vide		
Soupape		La portée La queue Le clavetage	Vérifier les soupapes neuves avec les anciennes		Neutraliser les soupapes au sodium avant de les mettre au rebut
Tige de culbuteur		Flambage État de la rotule et de la boîte à rotule			
Chaîne de distribution		Flambage Allongement			
Tendeur de chaîne			Distance patin support ≥ 5 mm Changer poussoir et chaîne	Jeu de cales	
Pignon de distribution		État des dents	Jeu entre dents 0.15 à 0.35 Jeu axial 0.05 à 0.2		
Courroie de distribution		Échange tous les 60000 km ou tous les 5 ans			

Arbre à cames		Paliers Came Roues et pignons Turbine de rejet d'huile Portée des joints d'étanchéité Taraudage Clavetage Vrillage (4 ou 6 cyl en ligne 180°)	Conicité et ovalisation des paliers $\leq$ 0,02 Flèche $\leq$ 0,05 Levée de came voir NT	Marbre Comparateur	
Poussoir		État de surface Bombé de la came	Conicité $\leq$ 0.02	Palmer	
Carter d'huile		Taraudage Félures			
Pompe à huile		Rayure sur le carter et les rotors	Entre rotors et contre rotor 0.05 à 0.2 Contre rotor et carter 0.15 à 0.35 Axial rotor et contre rotor 0.02 à 0.1	Jeu de cales	
Ensemble Chemise Piston Bielle		Rayures, Épaulement Les gorges La jupe Tête de bielle	Jeu chemise/piston En trois points sur la hauteur Diesel $\leq$ $^{15}/_{10000}$ du Ø Essence $^{10}/_{10000}$ du Ø		
Axe de piston	Sur Pied de bielle	Rayure	Jeu pied de bielle / axe $\leq$ 0,02 mm		

Bielle			Flambage ≤ $^{6}/_{10000}$ de la longueur de l'axe du piston Vrillage ≤ $^{9}/_{10000}$ de la longueur de l'axe du piston Jeu axial sur le vilebrequin ≤ 0,5 mm	Équerreuse de bielle	
Chemise		État de la collerette et de l'embase	Dépassement des Chemise pendue de 0.02 à 0.1 Chemise comprimée de 0.07 à 0.14	Comparateur	
Segments			Jeu à la coupe $^{3}/_{10000}$ de l'alésage de la chemise	Jeu de cales	Un jeu trop faible provoque le bris du segment
Piston	Segment neuf	État des gorges État de la tête État de la jupe	Jeu segment dans la gorge	Segment neuf Jeu de cales	Segment trapézoïdale Monter le segment sur le piston Monter le piston dans la chemise Mesurer le jeu
Volant moteur		État de la piste État du roulement guide	Voile $^{2}/_{10000}$ du diamètre moyen de la piste	Comparateur	
Couronne de démarreur		État des entrées de dents			
Coussinet	Par déformation du chapeau		Serrage des coussinets ≥ 0.05	Jeu de cales	

Vilebrequin		État de surface des : Soies des manetons et des tourillons Paliers Roues et pignons Turbine de rejet d'huile Portée des joints d'étanchéité Taraudage Clavetage Vrillage (4 ou 6 cyl en ligne 180°)	Ovalisation – Conicité $\leq$ 0,02 Flèche $\leq$ 0.05 pour 0.02 d'ovalisation	Palmer Comparateur	
Coussinet de palier / vilebrequin Coussinet de bielle / vilebrequin	Plastigage		Diamètre $\leq$ 60 Jeu compris entre $^{3}/_{10000}$ et $^{12}/_{10000}$ du diamètre Diamètre $\geq$ 60 mm Jeu compris entre $^{8}/_{10000}$ et $^{15}/_{10000}$ du diamètre Jeu mini $\geq$ 0.02		
Cale latérale			Jeu axial ou latéral du vilebrequin 0.2 $\leq$ jeu axial $\leq$ 0.4	Comparateur	

Couples de serrage indicatifs pour boulonnerie métrique en N.m - Norme 01 50 4002		
Ø et pas en mm des vis et écrous	Classe de qualité 8.8 Classe de serrage III (±20 %)	Classe de qualité 10.9 Classe de serrage III (±20 %)
6 x 100	7.4	10.8
7 x 100	12.1	17.8
8 x 100	19.2	28.2
8 x 125	17.9	26.3
10 x 100	39.4	58
10 x 125	37.4	55
10 x 15	35.4	52
12 x 125	67	98
12 x 150	64	94
12 x 175	61	90
14 x 150	105	155
14 x 200	98	143
16 x 150	161	237
16 x 200	151	222
18 x 150	235	346
18 x 250	210	308
20 x 150	328	481
20 x 250	296	435
22 x 150	444	652
22 x 250	406	596

Contrôle visuel

À effectuer avant le contrôle métrique

Moteur Type : ....
N° série : ....
N° d'ordre : ....

Contrôle de l'état de :
Remplir les tableaux avec **B** = Bon ; **M** = Moyen ; **HS** = Hors Service

Bloc moteur

Plan de joint de culasse	
Plan de joint de carter d'huile	
Pastille de dessablage	
Visserie	
Boulonnerie	
Taraudage	
Circuit de graissage	
Des emplacements des cales latérales	

	1er	2e	3e	4e	5e	6e	7e
Palier							
Palier d'arbre à cames							
Embase des chemises							
Portée supérieure des chemises							

Vilebrequin

	1er	2e	3e	4e	5e	6e	7e
Soie des tourillons							
Soie des manetons							
Des portées des cales latérales							
Du circuit de graissage							
De la portée des joints à lèvres							
Des taraudages de la collerette							
Des pions de centrage de la collerette							
Du clavetage du nez							
Du filetage du nez							
Du pignon de distribution							
Du roulement ou de la bague guide							

Coussinets

	1er	2e	3e	4e	5e	6e	7e
De palier							
De bielle							
Des cales latérales							

Ensemble Chemise, Piston, bielle

	1er	2e	3e	4e	5e	6e
Tête de bielle						
Visserie et boulonnerie de la tête de bielle						
Jeu de pied de bielle – piston						
Alésage chemise						
Jupe de piston						
Tête de piston						
Fixation piston – axe						
Segment Racleur						
Segment d'étanchéité						
Segment de feu						

Distribution
Arbre à cames

	1er	2e	3e	4e	5e	6e	7e
Palier							
Cames ADM							
Cames ECH							
Entraînement de la pompe à huile							
Clavetage ou taraudage							
Pignon de distribution							
De la bride							
Du Pignon intermédiaire							
De l'axe du pignon intermédiaire							
Du Taraudage de l'axe							
Visserie de fixation du pignon intermédiaire							
De la rondelle de friction du pignon intermédiaire							

Rampe de culbuteurs

	1er	2e	3e	4e	5e	6e	7e
Palier							

	1er	2e	3e	4e	5e	6e
Axe des culbuteurs						
Marteau culbuteur ADM						
Marteau Culbuteur ECH						
Réglage culbuteur ADM						
Réglage culbuteur ECH						
Des poussoirs ADM						
Des poussoirs ECH						
Des tiges de culbuteurs ADM						
Des tiges de culbuteurs ECH						

CULASSE

Du plan de joint de culasse	
Du plan de joint du couvre culasse	
De la visserie, goujons, vis, écrou, taraudage	
Des pastilles de dessablage.	

	1er cyl.	2e cyl.	3e cyl.	4e cyl.	5e cyl.	6e cyl.
Des sièges de soupapes ADM						
Des sièges de soupapes ECH						
Des guides de soupapes ADM						
Des guides de soupapes ECH						
Des ressorts Extérieurs ADM						
Des ressorts intérieurs ADM						
Des ressorts Extérieurs ECH						
Des ressorts intérieurs ECH						
Des coupelles des ressorts ADM						
Des coupelles des ressorts ECH						

	1er cyl.	2e cyl.	3e cyl.	4e cyl.	5e cyl.	6e cyl.
Des rondelles d'appui des ressorts ADM						
Des rondelles d'appui des ressorts ECH						
Des demi-clavettes des soupapes ADM						
Des demi-clavettes des soupapes ECH						
ECH						

Pompe à huile

De la visserie, des taraudages	
De la crépine	
De l'entraînement	
Du corps de la pompe	
Des pignons	
Du flasque	
Du clapet de décharge.	

Contrôle métrique

Moteur Type : ....

N° série : ....

N° d'ordre : ....

Rappel : Avant tout contrôle métrique effectuer un contrôle visuel.

Bloc moteur ou carter cylindre

Planéité du plan de joint de culasses :

Données du constructeur : ....

Planéité du plan de joint du carter d'huile :

Données du constructeur : ....

Serrage des 1/2 coussinets de ligne d'arbre :

Données du constructeur : ....

N° 1	N° 2	N° 3	N° 4	N° 5	N° 6	N° 7

Chemises et pistons

Jeu chemise piston :

Données du constructeur : ....

N° 1	N° 2	N° 3	N° 4	N° 5	N° 6

Pistons

Jeu du segment de feu :

Données du constructeur : ....

N° 1	N° 2	N° 3	N° 4	N° 5	N° 6

Jeu du premier segment d'étanchéité :

Données du constructeur : ....

N° 1	N° 2	N° 3	N° 4	N° 5	N° 6

Jeu du deuxième segment d'étanchéité :

Données du constructeur : ....

N° 1	N° 2	N° 3	N° 4	N° 5	N° 6

Jeu du segment racleur :

Données du constructeur : ....

N° 1	N° 2	N° 3	N° 4	N° 5	N° 6

CYLINDRE OU CHEMISE

. **Alésage : diamètre d'origine = ...**

Classe des cylindres.

N° 1	N° 2	N° 3	N° 4	N° 5	N° 6

Ovalisation maximale

N° 1	N° 2	N° 3	N° 4	N° 5	N° 6

Conicité maximale

N° 1	N° 2	N° 3	N° 4	N° 5	N° 6

Segments

Jeux à la coupe

Segment de feu :

Données du constructeur : ………….

N° 1	N° 2	N° 3	N° 4	N° 5	N° 6

Premier segment d'étanchéité :

Données du constructeur : ………….

N° 1	N° 2	N° 3	N° 4	N° 5	N° 6

Deuxième segment d'étanchéité :

Données du constructeur : ………….

N° 1	N° 2	N° 3	N° 4	N° 5	N° 6

Segment racleur :

Données du constructeur : ………….

N° 1	N° 2	N° 3	N° 4	N° 5	N° 6

Bielles

Serrage des ½ coussinets :

Données du constructeur : ....

N° 1	N° 2	N° 3	N° 4	N° 5	N° 6

Vrillage des bielles :

Données du constructeur : ....

N° 1	N° 2	N° 3	N° 4	N° 5	N° 6

Flambage des bielles :

Données du constructeur : ....

N° 1	N° 2	N° 3	N° 4	N° 5	N° 6

Vilebrequin

Flèche du vilebrequin : Données du constructeur : …………

Diamètre des tourillons : Données du constructeur : …………

N° 1	N° 2	N° 3	N° 4	N° 5	N° 6	N° 7
Cote origi	Cote origi	Cote origi	Cote origi	Cote origi	Cote origi	Cote origi
1 cote répa	1 cote répa	1 cote répa	1 cote répa	1 cote répa	1 cote répa	1 cote répa
2 cote répa	2 cote répa	2 cote répa	2 cote répa	2 cote répa	2 cote répa	2 cote répa
3 cote répa	3 cote répa	3 cote répa	3 cote répa	3 cote répa	3 cote répa	3 cote répa

Ovalisation des tourillons : Données du constructeur : ……………

N° 1	N° 2	N° 3	N° 4	N° 5	N° 6	N° 7

Diamètre des manetons : Données du constructeur : ……………

N° 1	N° 2	N° 3	N° 4	N° 5	N° 6
Cote d'origine	Cote d'origine	Cote d'origine	Cote d'origine	Cote d'origine	Cote d'origine
1 cote répara	1 cote répara	1 cote répara	1 cote répara	1 cote répara	1 cote répara
2 cote répara	2 cote répara	2 cote répara	2 cote répara	2 cote répara	2 cote répara
3 cote répara	3 cote répara	3 cote répara	3 cote répara	3 cote répara	3 cote répara

Ovalisation des manetons : Données du constructeur : ……………

N° 1	N° 2	N° 3	N° 4	N° 5	N° 6

Jeu latéral du vilebrequin : Données du constructeur : …………

Épaisseur des cales latérales : Données du constructeur ……………..

N° 1	N° 2	N° 3	N° 4
Cote origine	Cote origine	Cote origine	Cote origine
1 cote répa	1 cote répa	1 cote répa	1 cote répa

Pompe à huile

Jeu entre dents ou rotors :

Données du constructeur : …………

Jeu entre pignons ou rotors et le carter :

Données du constructeur : ………..

Jeu axial des pignons ou des rotors :

Données du constructeur : ………..

Planéité du couvercle de pompe :

Données du constructeur : …………..

Arbres à cames

Flèche de l'arbre à cames :

Données du constructeur : ....

Diamètre des tourillons :

Données du constructeur : ....

N° 1	N° 2	N° 3	N° 4	N° 5	N° 6	N° 7

Ovalisation des tourillons :

Données du constructeur : ....

N° 1	N° 2	N° 3	N° 4	N° 5	N° 6	N° 7

Levée des cames d'admission :

Données du constructeur : ....

N° 1	N° 2	N° 3	N° 4	N° 5	N° 6

Levée des cames d'échappement :

Données du constructeur : ....

N° 1	N° 2	N° 3	N° 4	N° 5	N° 6

Jeu axial de l'arbre à came :

Données du constructeur : ....

Culasse

Hauteur de la culasse :

Données du constructeur : ………………..

Cote origine
cote réparation

Planéité du plan de joint de culasse.

Données du constructeur : …………..

Dépassement des chambres de combustion :

données du constructeur : ……….

N° 1	N° 2	N° 3	N° 4	N° 5	N° 6

Retrait des soupapes d'admission :

données du constructeur : …………..

N° 1	N° 2	N° 3	N° 4	N° 5	N° 6

Retrait des soupapes d'échappement :

données du constructeur : …………..

N° 1	N° 2	N° 3	N° 4	N° 5	N° 6

Dépassement des injecteurs :

données du constructeur.

N° 1	N° 2	N° 3	N° 4	N° 5	N° 6

Chemises

Dépassement des chemises du bloc moteur :

Données du constructeur : ……………..

N° 1	N° 2	N° 3	N° 4	N° 5	N° 6

Affleurement des chemises contiguës :

Données du constructeur : ……………

N° 1 et N° 2	N°2 et N° 3	N° 3 et N° 4	N°4 et N°5	N°5 et N° 6

Jeu de montage des pièces mobiles

Plastigage des tourillons du vilebrequin :

Données du constructeur : ....

N° 1	N° 2	N° 3	N° 4	N° 5	N° 6	N° 7

Plastigage des manetons du vilebrequin :

Données du constructeur : ....

N° 1	N° 2	N° 3	N° 4	N° 5	N° 6

Jeu axial ou latéral du vilebrequin

Données du constructeur : ....

Jeu de la distribution

Jeu d'entre dents du pignon de vilebrequin et du pignon intermédiaire :

Données du constructeur : ....

Jeu d'entre dents d'arbre à cames et du pignon intermédiaire :

Données du constructeur : ....

Jeu d'entre dents du pignon de la pompe d'injection et du pignon intermédiaire :

Données du constructeur : ....

Jeu axial du pignon intermédiaire :

Données du constructeur : ....

ÉPAISSEUR DU JOINT DE CULASSE

Dépassement des pistons :

Données du constructeur : …………..

N° 1	N° 2	N° 3	N° 4	N° 5	N° 6

Détermination du joint de culasse :

Données du constructeur : …………..

N° 1	N° 2	N° 3

Épaisseur du joint de culasse :

Cocher les épaisseurs qui ne conviennent pas.

N° 1	N° 2	N° 3

Table des Matières

Avant propos 7

Le véhicule automobile 9
Disposition des organes mécaniques 10
L'embrayage 13
Dépose de la distribution – Repérage 14
Dépose de la culasse. 19
Contrôle du volant moteur 22
Repérage et dépose du volant moteur 24
Dépose de l'embiellage – Repérage 25
Dépose, repérage des pistons et des chemises 27
Contrôle des pièces 28
Matériel de rectification des sièges de soupape 29
Rectification des sièges de soupapes 30
Rectification des sièges de soupape (suite 1) 31
Rectification des sièges de soupapes (suite 2) - Fraise 32
Rectification des sièges de soupape (suite 3) - Meules 33
Remontage de la culasse. 35
Montage des chemises à dilatation comprimée, réglables 40
Montage des chemises à dilatation non réglable et chemises pendues 40
Montage des chemises pendues réglables par cales de clinquant 42
Remplacement des chemises par des chemises côte réparation 42
Montage des chemises pendues - Cas extrême 42
Montage des pistons Axe libre dans le pied de bielle 45
Mise à la côte des pistons neufs 46
Contrôle du dépassement du piston 47
Contrôle du serrage des demi-coussinets 48
Échange d'une couronne de démarreur. 57
Pose du volant moteur 59
Recherche du Point Mort Haut – PMH Culasse déposée 60
Pose de l'arbre à cames 61
Pose de la pompe à huile 62
Pose de la culasse 63

Serrage de la culasse 64
Calage de la distribution dit en balance ou bascule 66
Calage de la distribution avec l'épure de distribution 67
Recherche de l'ordre d'allumage ou de l'ordre d'injection 69
Réglage des culbuteurs 71
Réglage du jeu des soupapes 77
Réglage du jeu des soupapes - Moteur à arbre à came en tête
Réglage échange des poussoirs 78
Réglage des culbuteurs, autres méthodes, méthodes élémentaires 79
Réglage des culbuteurs en deux tours moteurs
Méthode Mercedes 80
La bague ou le roulement guide dans le vilebrequin 81
Repose du moteur 82
Réglage de la garde d'embrayage 83
Le thermostat 84
Le thermocontact du ventilateur électrique 85
La pompe à eau 86
Le radiateur 87
Le bouchon de la boîte de dégazage 88
Relais et ventilateurs électriques 89
Filtre à huile 90
Les huiles de graissage 92
Classification API des huiles moteurs 93
Mise en huile 95
Remplissage et purge du circuit de refroidissement 96
Rodage du moteur 98
Ventilateur à moyeu hydraulique 99
Tolérances d'usure à défaut de notice technique du constructeur 100
Jeu de fonctionnement 102

Fiches de contrôle 105
Contrôle visuel 114

Contrôle métrique 121

autos / motos

www.decoopman.com

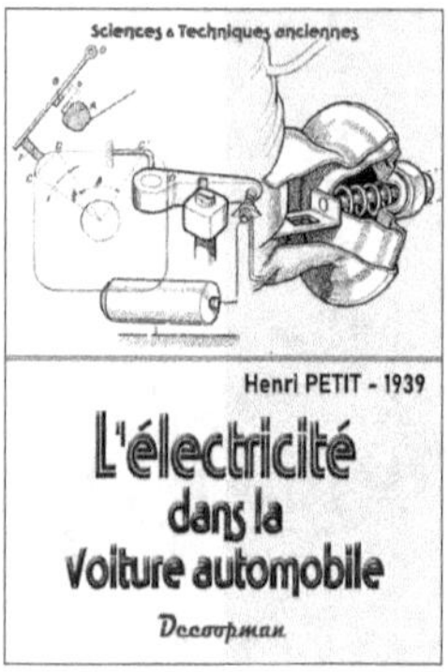

Éditions Decoopman - Ferrières - 30440 Saint-Laurent-le-Minier
Tel : +33 (0) 4.67.73.90.95 - web : www.decoopman.com - e.mail : livres@decoopman.com

www.ingramcontent.com/pod-product-compliance
Lightning Source LLC
LaVergne TN
LVHW010054061026
849532LV00004BC/1359